BIAD 2021 优秀方案设计

北京市建筑设计研究院有限公司 主编

中国建筑工业出版社

编制委员会	徐全胜　张　宇　郑　实　邵韦平
	束伟农　徐宏庆　孙成群
主　　编	邵韦平
执行主编	郑　实　柳　澎　朱学晨　宋　昕
文字编辑	康　洁　刘江峰
美术编辑	康　洁

前言

为鼓励建筑创作，提升企业核心竞争力，打造"BIAD 设计"品牌，北京市建筑设计研究院有限公司（BIAD）科技质量中心依据 BIAD《优秀方案评选管理办法》的要求组织进行了 2021 年度 BIAD 优秀方案的评选工作。参加评选的项目为 2020 年 2 月～2021 年 11 月期间完成的原创方案设计项目，其范围包括方案投标阶段项目和工程设计阶段的方案项目，包括公共建筑、居住建筑及居住区规划、城市规划与城市设计、景观设计、室内设计等专项类型。

获奖作品由从 259 个申报方案中产生，来自公司内外 20 位专家组成的评审委员会经过认真、客观、公正的投票评选，最终选出一等奖 30 项、二等奖 36 项、三等奖 66 项。

从总体上看，申报方案表现了较高的整体水平，即使未入围获奖的项目也表现出一定的水平和特色。限于篇幅，本书仅详细呈现一、二等奖方案，三等奖方案列表介绍。这些项目部分已在实施中，一些虽未能实施，但方案中许多亮点有很强的专业价值，可供专业人士分享和借鉴。

通过每一年 BIAD 优秀方案作品可以看到 BIAD 人所具有的专业力量以及对国家的城市建设所做出的贡献。经过全体建筑师的不懈努力，BIAD 方案原创能力在不断提升，BIAD 在设计方法、理论研究与职业责任方面的探索取得很大收获。大部分优秀方案作品在传统、地域、文化、美学、社会、经济、功能、技术等多元综合性上取得良好的平衡或在某些方面特色突出，在结构、绿色、设备等方面技术先进、适宜，符合可持续发展原则。

国家当前正经历减量提质的经济转型与变革，BIAD 也将面临同样的考验。我们需要不断提升 BIAD 的设计原创水平与科技创新能力，在先进理念的引领下，将心智创造和先进技术转化为价值才能赢得市场。希望通过 2021 年度 BIAD 优秀方案作品集出版，让更多的设计同行以及行业内人士有机会了解优秀方案所取得的经验和方法，借此推动 BIAD 建筑创作的发展进步，期待 BIAD 在新的一年里创作出更多的优秀作品贡献给社会。

目录

前言	005
新首钢国际人才社区北区 036 地块	008
普陀区石泉社区 W060401 单元 A10A-01 地块剧院	010
新国展二期	012
美的集团上海研发中心	014
路县故城遗址保护展示工程	016
福田新校园行动计划第二季·爱华小学	018
赵府街 20 号改造	020
中国服贸会首钢园区场馆	022
江东发展大厦	024
北京城市副中心办公区二期 167 地块、172 地块	026
北京工人体育场改造复建	028
湖南平江杨源中学	030
深圳前海桂湾四单元九年一贯制学校	032
深圳市龙岗区坪地街道综合文体中心	034
深圳机场 T4 片区规划及 T4 航站楼	036
嘉兴高铁新城规划展示中心	038
北京城市副中心 FZX-0401-0151、0152 及 FZX-0401-0231 地块城市设计	040
北京中轴线地安门外大街复兴计划	042
重庆市广阳岛智慧创新生态城城市设计	044
2020 国际服务贸易交易会场馆规划	046
常州会展中心规划	048
中国石油大学（华东）古镇口科教园区专家公寓	050
月坛体育场	052
北京城市建筑双年展 2020 先导展整体空间设计	054
金中都城遗址公园	056
山西运城解州春秋路遗址公园景观	058
中山大学附属第七医院（深圳）二期	060
怀柔科学城雁栖小镇	061
龙兴寺历史文化街区城市有机更新	062
江北嘴 B01 地块	063
中国医学科学院阜外医院深圳医院三期	064
北京铁科院文化宫改造	065
泸沽湖英迪格度假酒店	066
合空间	067
中国人民大学通州新校区东区学生宿舍一期及中心食堂	068
斗门区综合养老服务中心	069
雄安中交克拉大厦	070
合肥滨湖新区国际会展中心	071
重庆市第八中学新校区	072
BIAD 之眼	073
中国人民大学通州新校区行政服务中心楼群	074
中冶（大兴）高新技术产业生产试验基地	075
沈阳爱悦婚礼堂	076
辛集四馆一中心	077
梨园美术馆	078
山西转型综合改革示范区会展中心	079
中国农业大学体艺中心	080
南京禄口国际机场 T3 航站楼	081
多彩贵州艺术中心	082
三星堆古蜀文化遗址博物馆	083
南京北站暨站城融合核心区	084
台湖演艺小镇国际图书城提升改造	085
昆明滇池南湾	086
宋庄小堡艺术区（北区）详细城市设计	087
普陀区公共服务设施	088
德阳数字小镇概念规划	089
西安昆明地区域城市设计及标志性建筑物	090
长安街及其延长线公共空间整体城市设计（复兴门至建国门段）	091
雄安容东片区 D2 组团住宅区	092
昌平三合庄村集体租赁住房	093
怀柔科学城创新小镇	094
其他获奖项目	095

新首钢国际人才社区北区 036 地块

一等奖 • 公共建筑／重要项目　　项目地点 • 北京市石景山区首钢园
• 独立设计／工程设计阶段方案　　方案完成／交付时间 • 2020 年 9 月 10 日

设计特点

项目位于首钢园北区东部，紧邻地铁 11 号线北新安路站，是北京市委组织部人才工作局批准的首批四家"北京市国际人才社区"试点之一。036 地块规划建设 5 栋建筑，整体采用街区"围合式"设计方案，在充分保留首钢园原有工业遗风的基础上，融入现代园区"时尚+科技+IP"综合体风格，实现办公、商业、公寓酒店等多重功能的统一。

在新建结构与旧有结构独立开的情况下，注意利用技术措施处理旧有建筑与新增建筑的关联性；在结构稳定、成本可控的前提下，获取更多使用可能，提供更多的特色创意产业空间。通过对厂房内工业设备进行切割、部分拆除、局部拆除以及重组等方式，赋予其新的使用功能，将工业风貌价值更好地融入使用功能之中。设计充分考虑烧结厂房等建筑的独特空间特征和结构类型，因地制宜地提出不同产业功能建筑及厂房设备装置的创新活用方案，再续工业遗产的文化活力，使 036 地块既成为新首钢国际人才社区（核心区）的先导区，也成为首个复合功能街区。

设计评述

本项目不仅是"新时代城市复兴新地标"的重要组成部分，也是新首钢国际人才社区的先导区。设计尊重老工业文化脉络，根据现状厂房建筑物、构筑物以及室内设备等不同工业遗迹，采用不同保护措施；工业风貌完整，历史感强烈，围合式建筑布局营造了活力的街区环境，使工业遗存在国际人才社区建设中再现风采。

建议严格把控项目建设品质，打造优化、舒适的使用空间；把"高质量要求"融入规划、设计、施工等各环节，打造首都建设精品力作。

主要设计人 • 吴 晨　段昌莉　宋 超　佟 磊　曾 铎
　　　　　　李 婷　魏梦冉　刘晓宾　陈文刚　吕文君
　　　　　　刘 钢　施 媛　李 婧　伍 辉　王 斌

036 地块鸟瞰效果图

人视效果图

总平面图　　场地现状　　场地现状

人视效果图

一烧结办公空间改造效果图

人视效果图

一烧结办公空间改造效果图

人视效果图

普陀区石泉社区 W060401 单元 A10A-01 地块剧院

一等奖 • 公共建筑／一般项目　　项目地点 • 上海市普陀区
• 独立设计／工程设计阶段方案　　方案完成／交付时间 • 2020 年 12 月 9 日

设计特点

项目位于上海市普陀区真如城市副中心核心位置，为一千座规模的综合型剧院。建筑背倚城市，面向真如绿廊，欲以一个纯粹简洁而又具有雕塑感的姿态在城市环境中脱颖而出，成为片区的亮点。

综合周边建设条件及剧院使用者的运营模式，创造性地将前厅设在三层——通过扶梯把首层人流直接引入三层，形成一个活跃的空中大堂；同时，也将下方的空间作为架空层形式还给了城市。空中大堂功能综合、视野开阔，以其高度优势，鸟瞰基地南侧城市公园，充分利用景观资源；除此之外，还在空中大堂设置了摄影棚、咖啡厅、室外庭院、观景台等。

设计评述

本方案利用建筑设计手段解决了地块条件和周边环境限制的问题——将常规的首层门厅开放给城市，服务城市的公共生活；创新设计的空中大堂在满足功能、面积等需求的前提下，扩展为空中观景平台和各种活动发生的载体——传统的剧院功能融入了生活、自然和人与人的交流，契合"开心麻花"定制剧院的运营模式和主题。

通过扶梯、电梯、台阶等多种设计手段，将观演人员、城市公众、后勤辅助等流线分开，满足剧院使用的基本要求；设置下沉广场、屋顶花园、室外庭院、观景平台等区域，起到汇聚人流的作用，并形成丰富且有序的流线。

主要设计人 • 黄　捷　黄皓山　张桂玲　杨晓波　赵亮星　张一帆

鸟瞰效果图

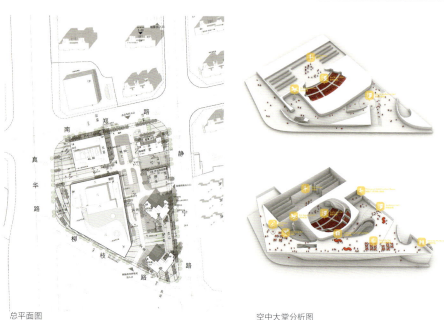

总平面图　　空中大堂分析图

公园视角效果图

西北立面细部效果图

主效果图

新国展二期

一等奖 • 公共建筑／重要项目　　项目地点 • 北京市顺义区新城后沙峪组团
　　　　• 合作设计／中选投标方案　　方案完成／交付时间 • 2020年2月28日

设计特点

方案采用"紫金丝带"设计理念。"丝带"交织于各个展厅之间，寓意共建"一带一路"的战略，表达中国与世界的互联互通之音；也通过统一的形态原则，表达展厅、会议中心、酒店之间紧密的内在联系。建筑设计语言借鉴了故宫琉璃瓦的经典中国元素，彰显首都气质——这一精致复杂的传统元素完美融入建筑的纹理组织，焕发出新的魅力。

鱼骨式布局与一期协调统一；展览空间对称布置，形象庄重大气，流线完整高效。一条创新之轴贯穿南北，连接展厅、会议中心与酒店；其中，带有灵活共享空间的连桥将各个功能紧密交织在一起，成为项目的中心枢纽。

设计评述

项目整体造型视觉冲击力强，极富现代感，可适当再增加中国元素。需进一步考虑建筑功能与造型结合的可能性，并避免过度夸张视觉效果造成的功能空间与结构不合理；进一步考虑与新国展一期现状联系，包括距离、造型、展厅布局等；进一步完善地下空间，连接一期、二期的展览功能；在满足建筑功能要求前提下，加入绿色、节能、环保等新内容，并完善一期、二期的交通工程。

主要设计人 • 马国馨　谢　欣　于　波　李亦农　禚伟杰
　　　　　　孙耀磊　姬　煜　郭晓晨　赵岩灏　雷永生
　　　　　　布　超　赵大伟　李舒静　钟永新　张　涛

总平面图

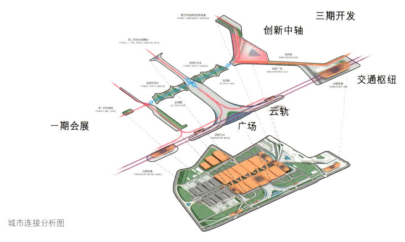

城市连接分析图

北广场透视图

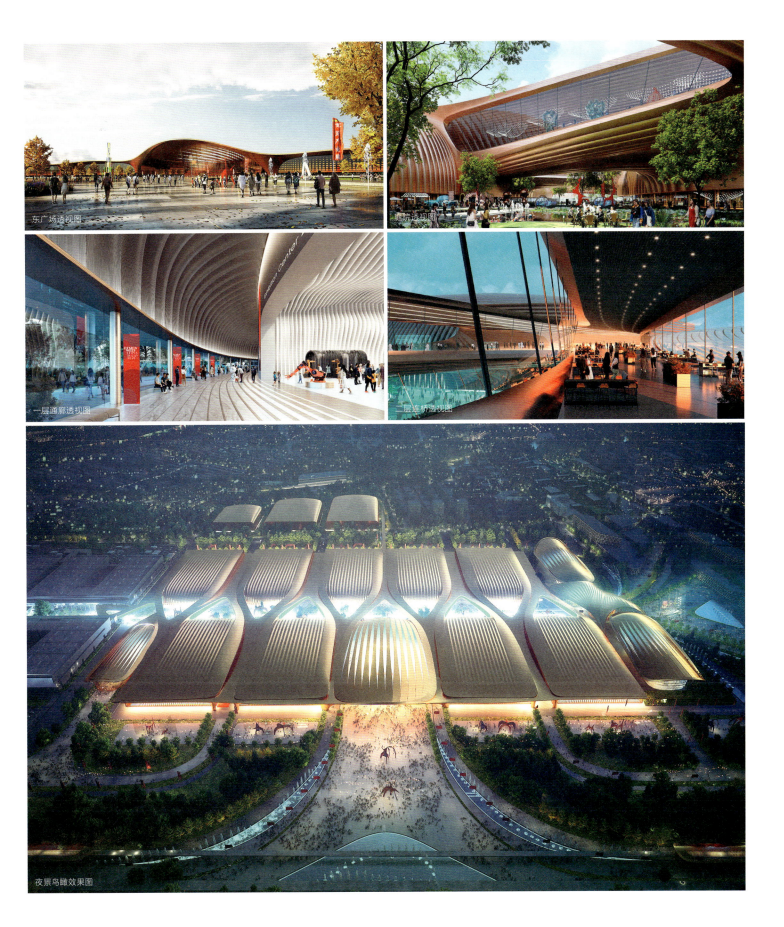

东广场透视图　庭院透视图　一层通廊透视图　二层连桥透视图　夜景鸟瞰效果图

美的集团上海研发中心

一等奖 • 公共建筑／一般项目
• 独立设计／中选投标方案

项目地点 • 上海市青浦区西虹桥商务区
方案完成／交付时间 • 2020年6月30日

设计特点

项目基地位于上海市虹桥商务区，邻近国家会展中心，总用地面积8.02公顷，建筑面积39.8万平方米，综合容积率2.5；包含研发办公、研发实验、园区配套设施、配套酒店、配套商业等功能。建成后，将成为美的集团第二总部与全球创新中心，满足8000～14000人研发、办公和生活的创新型企业总部与科技社区。

方案采用两地块之间融合的设计方式，打破园区与城市、地面与天空的界限，实现科技与自然的碰撞与连接。园区主要的功能空间（研发、办公与配套酒店），如晶体一般漂浮于地景森林之上，形成相互融合嵌套的方形构型，通过分散设置的竖向核心筒与地面空间与森林景观联通。建筑从大地中生长出来，与起伏的地景森林相互融合，创造出多样的自然环境，将自然与科技园区融为一体，形成人工与自然、科技与自然的对话。

设计评述

本案尝试在有限的用地中创造更多的"人与自然""人与生活""科技与自然""科技与生活"的交互与融合；旨在创造一座集"生态化、人性化、智慧化"为一体的"森林之上"的科技公园；将功能个体融合在总体秩序之中，使建筑与森林形成一个整体，独特、创新的空间层出不穷。

主要设计人 • 马 泷　褚以平　王欢欢　冉 展　祁美惠
　　　　　　徐 珂

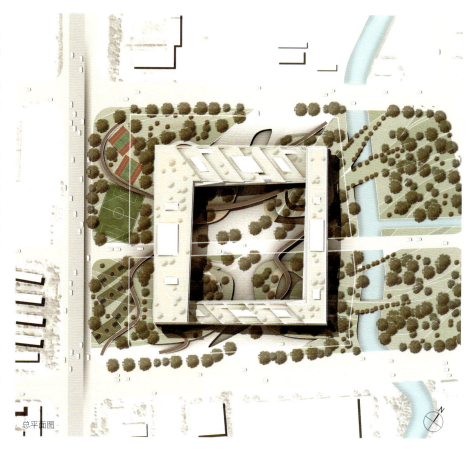
总平面图

模型剖透视

近景透视图

鸟瞰效果图

形体生成图

南立面效果图

路县故城遗址保护展示工程

一等奖 • 公共建筑／重要项目
• 独立设计／中选投标方案

项目地点 • 北京市通州区
方案完成／交付时间 • 2021 年 7 月 4 日

设计特点

项目将整合并搭建具有"博物馆展示、考古研究、文物保护、文化遗产保护传承"等功能的平台，融"展览展示、文物保护、科学研究、社会教育"四大基本业务为一体，建成具有"考古学基础研究、数据库建设、文物保护分析、文化遗产保护传承"等能力的博物馆，成为路县乃至北京东部、甚至京津冀地区的考古科研、保护、教育及展示中心。

博物馆位于路县故城遗址公园内，距离故城遗址 100 米，寓意"一划开天"；形态致敬古城墙，采用覆土手法使建筑与公园环境融为一体。博物馆长约 130 米，主体部分宽约 30 米，建筑高度为 12 米，包含遗址展厅、陈列展厅、专题展厅、临时展厅和学术报告厅。

建筑形态呈现对遗址的尊重和致敬——模拟城墙形态的展廊立于巨大的覆土景观之上；南北墙面分别用石材与玻璃呈现砖石纹理；北面整面的玻璃幕墙内嵌光电玻璃，可展示整幅动态的长卷画面。设计体现了小而精、小而美、小而巧的设计原则。内部展览由一条贯通的展廊串联，遗址展厅、陈列展厅、临展厅等展厅均布于展廊两侧，参观流线清晰，便于使用与管理。

设计评述

方案以致敬历史遗迹为原则，在设计上以"墙"为形、以"城"为意，形成良好景观视廊。材质呼应城墙遗址，彰显古拙大气之美。设计以"最小干预"为原则，将小体量建筑置于地上，其余功能置于覆土之下，塑造出绿荫环抱、与遗址交相辉映的意境。

主要设计人 • 李亦农　孙耀磊　周广鹤　刘黛依　冯晓晨
　　　　　　王鹏智　潘牧宁

总平面图

主入口人视效果图

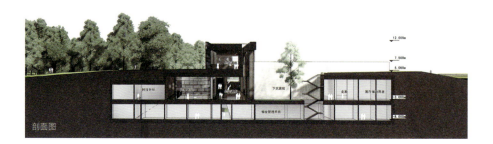
剖面图

鸟瞰效果图

夜景鸟瞰效果图

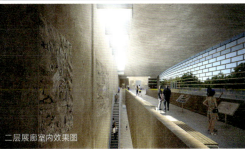
二层展廊室内效果图

首层展廊室内效果图

福田新校园行动计划第二季·爱华小学

一等奖 • 公共建筑／一般项目　　项目地点 • 广东省深圳市福田区
• 独立设计／未中选投标方案　　方案完成／交付时间 • 2021年6月17日

设计特点

设计基于对场地及教育内容的深入研究,提出"开放的街区·共享的天台——一个植入社区的校园综合体"的设计构想,通过对高密度校园空间的创造性系统构建,创造一所适应当下教育发展并与社区共享的多样化新校园。

由于高密度的原因,校园的操场设置在屋顶。设计巧妙地利用校园边界的屋顶空间,构建了一个从学校首层逐层通往校园屋顶的空间路径。这条路径上的每一个屋顶都被分享出来成为社区共享的空间。这部分空间与校园内部既有着清晰的空间边界,又在校园内部创造了环绕学校中央庭院直达屋顶的空间路径。

设计评述

在深圳城市紧张的用地条件下,"创造积极开放的教育空间"及"让校园与社区共享"是这个设计着重关注的内容。设计通过建立不同公共属性的校园开放空间、充分考虑空间场景的复合化、强调学校功能的高效性以及教育空间的"开放性、多义性与灵活性",较好地解决了前面的问题,并在空间构建层面充分回应深圳的气候特征,创造了校园绿色生态环境。

主要设计人 • 石　华　张广群　王　超　闫景月　王　璐
　　　　　　陈　普　白　鸽　张琳梓　吴越飞　王新宇

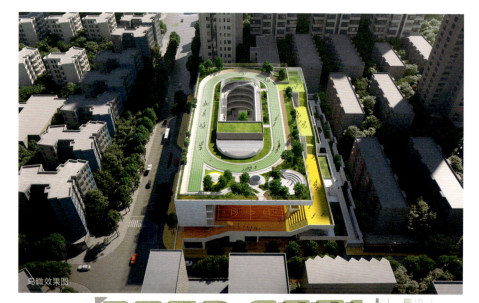
鸟瞰效果图

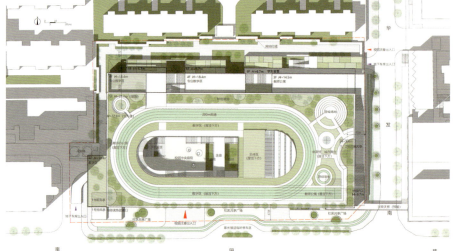
总平面图

校园东侧面向城市的舞台效果图

校园东南侧街景效果图

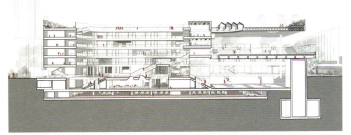
剖面图

校园共享天台效果图

校园中央庭院效果图

城市舞台效果图

校园游泳馆效果图

赵府街 20 号改造

一等奖 • 公共建筑／一般项目　　项目地点 • 北京市东城区
　　　 • 独立设计／中选投标方案　　方案完成／交付时间 • 2020 年 9 月 15 日

设计特点

项目位于北京市东城区鼓楼大街片区内，紧临北二环与旧鼓楼大街，毗邻城市中心轴线以及钟楼鼓楼风景名胜区，靠近地铁站与公交车站，区位优势明显。项目原为办公建筑，现改造为精品酒店；改造后建筑面积、层数、高度（到屋顶结构顶板）均不产生变化。

设计保留原有建筑的风格、风貌，并体现现状城市肌理，与周围建筑相协调，体现休闲、度假、舒适、和谐的氛围；空间结构在原有外轮廓不变的前提下，通过加固和改造优化空间，体现疏密有致、一步一景的空间关系；精心打造连廊、墙面、窗户、树木花草、灯光等细节，呼应精品酒店的定位。

设计评述

本设计保留原有建筑的结构体系，充分利用现有结构条件，在原有外轮廓不变的前提下，经过合理的加固改造、优化空间，将原有建筑的办公功能巧妙地改造为精品酒店；同时，满足了酒店的后场区、公共区、客房区等各方面使用功能。建筑风貌上与场地协调，融于城市肌理。室内风格运用传统文化概念，客人可充分感受北京文化特色。庭院小巧精致，在有限的空间内，满足餐厅外摆区、休息区等多种功能。利用建筑围合、植被、景观灯光等细部，打造出独具特色的精品酒店。

主要设计人 • 杜　松　谭　川　赵　晨

院落透视图

区位图

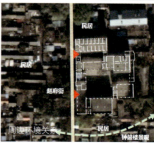
周边环境关系

现状建筑

庭院透视图

庭院透视图

沿街立面图

庭院透视图

庭院透视图

中国服贸会首钢园区场馆

一等奖 • 公共建筑／一般项目　　项目地点 • 北京市石景山区
　　　• 独立设计／中选投标方案　　方案完成／交付时间 • 2020 年 6 月 17 日

设计特点

2021 年中国国际服务贸易交易会（以下简称"服贸会"）首钢园会场共设展览场馆 15 个，设置 8 个专题企业展，面积约 9.4 万平方米。21 个会议室分布在首钢园内 15 处，其中由工业遗存改造的会议室有 9 间。场馆的规划、设计及建设充分考虑了服贸会功能需求和首钢园区的特色。展区将丰富的工业遗存与现代展会相融合，塑造具有强烈城市公园属性的聚落式会展空间。服贸会展区以北园工业遗址公园片区为核心围绕布局，形成与奥运场馆、工业遗存和周边景观"三横一纵"景观廊桥体系，打造独一无二的服贸会文化品牌，将现代会展和工业风貌、自然景观深度融合。

服贸会首钢园展馆按照"反复利用、综合利用、持久利用"的原则，场馆主体采用钢结构设计，可实现材料后期回收利用。展馆内部空间采用标准模块化展区布置，可以结合场馆单体规模灵活组合。

设计评述

2021 年中国国际服务贸易交易会是展示"中国服务"的重要窗口和平台。首钢园区场馆设计以景观绿轴（工业遗址公园）作为中央主轴线，主场馆与半开放式展区可充分发挥首钢园鲜明的场地特点，顺应国际潮流，打造聚落式的会展场所，提供沉浸式会展体验空间，同时延续工业风貌、历史文脉与"服贸精神"。

主要设计人 • 吴　晨　段昌莉　宋　超　王　斌　杨海蛟
　　　　　　曾　铎　刘晓宾　魏梦冉　丁　霓　肖　静
　　　　　　吕文君　刘　钢　张静博　佟　磊　伍　辉

服贸会首钢园会场工业遗址公园片区鸟瞰效果图

总平面图

服贸会首钢园会场全景鸟瞰效果图

服贸会首钢园会场E1场馆人视效果图

服贸会首钢园会场W4场馆人视效果图

服贸会首钢园会场全景夜景鸟瞰效果图

绿轴西区开放式场场内部效果图

江东发展大厦

- 一等奖 • 公共建筑／重要项目
- • 独立设计／非投标方案

项目地点 • 海南省海口市江东新区
方案完成／交付时间 • 2020 年 9 月 30 日

设计特点

项目位于海口市江东新区起步区中轴线入口处，环抱起步区中央通海轴线，设计呼应城市道路与场地环境。方案对城市设计中的东西体块分别在南北侧作了连接，形成连续的环形建筑主体。南北连接体块底层架空，下方形成在城市主轴线上连接城市绿地和滨海区的通海景观廊。

建筑主体形态沿地块展开成环，在四个角部切削为圆润的圆角；形态整体在二层做出挑处理，弱化体量并形成轻盈飘浮之感。北侧形体中部起拱，为建筑整体造型增加灵动性和美观性，也为建筑内部带来特殊的空间体验。建筑基座为公共服务大厅，同时利用首层建筑面向南北侧的坡地形态，让屋面成为公众活动的景观广场。

设计结合地面绿化、中央下沉庭院、屋面景观广场和屋顶艺术花园等四个维度的多层次立体绿化系统，适应当地的热带气候特点。南北底层架空，在形成城市主轴线上的通海景观通廊的同时，也顺应主导风向，强化利用自然通风改善室内热环境。

设计评述

方案对现有规划与城市设计的上位条件理解准确，很好地回应了建筑与城市轴线、场地环境的相互关系。建筑布局有效利用了场地特点，建筑形象得体，符合在起步区中央主轴线起点的门户地位。功能布局得当，体现了政府办公建筑的高效性和为公众服务的开放性。采用标准单元与特殊段衔接，形成连续的环形建筑主体，较好地满足了使用功能的灵活性和整体性。

建议在方案深化过程中关注建筑基座造型，避免坡地对商业空间的遮挡，同时向地下商业空间引入天光；提升北拱高度，改善建筑造型的灵动性和美观性；在首层公共服务大厅与地下商业空间之间创造连通条件。

主要设计人 • 邵韦平 李 淦 李家琪 王宇喆 奥 京
马思端 李 强 陈 述 李培先子
崔 婧 徐 楠 冀擎城 王 鹏 朱静雯

西南人视图

中央庭院效果图

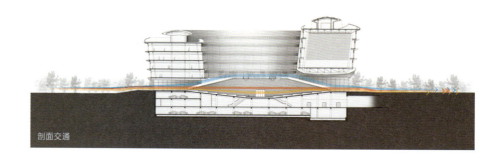
剖面交通

总平面图

首层平面图

鸟瞰效果图

北京城市副中心办公区二期 167 地块、172 地块

一等奖 • 公共建筑／重要项目　　项目地点 • 北京市通州区
　　　• 独立设计／中选投标方案　　方案完成／交付时间 • 2020 年 4 月 30 日

设计特点

项目地块建筑功能为行政办公楼，四周均为"双机动车道＋双非机动车道"城市道路，北侧连接 6 号线东夏园地铁站点，交通便捷。设计以城市区域节点为定位，以完善城市界面为原则，力求整合周边既有城市形象，在延续城市建设风貌的同时，形成新的区域中心焦点，形成积极有序的城市空间环境。

方案采用院落式布局，以 U 形三合院作为地块组成单元，由一栋"一"字形建筑和一栋"L"形建筑围合而成。建筑以南北向为主要朝向，采光通风条件良好，在 U 形院落的开口处设置建筑入口大厅。在连接处设置过街通道，连通院落内部与外部空间，使得院落既有围合感又保证视觉的开放性。内部庭院设置局部地下空间。沿留庄路一侧结合入口广场设置地下空间采光区及连通口，与留庄路下方步行通道相连通。

项目采用空气能热水系统作为可再生资源应用形式。在综合考虑项目特点与地域环境的基础上，以"被动式技术优先，主动技术优化"为设计理念，强调绿色技术的适宜性、成熟性与可靠性。

设计评述

项目作为重要的城市节点，紧邻城市干道，周边现状较为复杂、规划绿地较为丰富，需要满足办公和配套设施多种功能需求。在相对紧张的用地条件下，通过总平面布局，满足了办公的功能需求；体量处理也较为合适，能够有效削弱大体量建筑的压迫感。设计注意将环境与周边绿地进行"拟合"，在丰富城市绿地系统的同时，也提升了空间的品质。

主要设计人 • 李亦农　孙耀磊　高燕杰　王鹏智　徐文婷
　　　　　　周广鹤　刘　晗　潘牧宁

总平面鸟瞰图

内院透视图

建筑细部效果图

167地块鸟瞰图

167地块留庄路侧人视图

北京工人体育场改造复建

一等奖 • 公共建筑／重要项目　　项目地点 • 北京市朝阳区
• 独立设计／非投标方案　　方案完成／交付时间 • 2020 年 12 月 1 日

设计特点

改造复建后工人体育场总座席数约 6.5 万席，可以满足亚洲杯办赛要求，同时兼顾未来承办更高级别国际赛事可能性。改造复建按照"保护为先"的原则，坚持"传统外观、现代场馆"的设计理念，主体建筑椭圆形造型、立面形式和比例、特色元素得以保留，保持了工人体育场的基本风貌。

体育场主体建筑檐口高度仍为 26 米，尽量利用原有构件、原有质感、原有样式，重塑工人体育场庄重典雅的建筑风格，传承首都历史文化风貌，保留"北京十大建筑"城市记忆。改造恢复了工人体育场园区内开阔、疏朗的空间形态，让工人体育场在发展中延续历史的经典；同时，按照国际一流专业足球场的功能要求进行设计，采取提升场地内看台坡度、加大看台座椅间隔等措施。

设计评述

设计在坚持体育场改造复建"三个不变"原则（即主体建筑椭圆形造型基本不变、保持立面形式和建筑尺度基本不变、保留特色元素基本不变）的同时，不仅恢复了整个园区开阔、舒朗的空间形态，而且统筹处理了大型赛事人员集散、场馆运营和交通组织等功能需求，并且建设了规模适宜、上下连通的地下空间，提高了对大型活动和日常群众文体活动的保障能力。

主要设计人 • 杜　松　吴剑利　张　钒　黄盛昕　谢　强
　　　　　　陈晓民　成　颖　王　威　乔利利　马仓越
　　　　　　盛于蓝　杨金莎　谭红阳

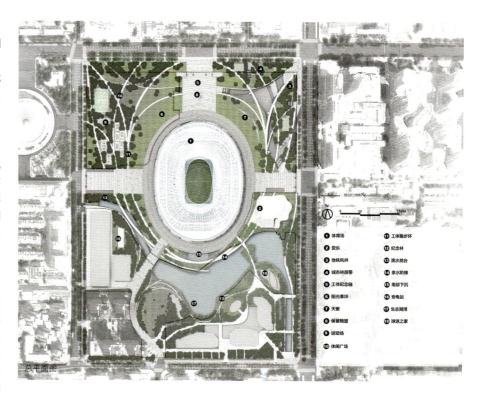

总平面图

配套剖面图

看台碗效果图

鸟瞰效果图

北立面图

西立面图

湖南平江杨源中学

一等奖 • 公共建筑／一般项目　　项目地点 • 湖南省岳阳市
　　　• 独立设计／非投标方案　　方案完成／交付时间 • 2020 年 5 月 27 日

设计特点

项目位于湖南平江的丘陵地带，用地面积 1.07 公顷，总建筑面积 7.53 万平方米，是一座 72 班规模的完全中学，希望营造成 "人和自然" 共生的垂直校园。设计保留了用地内原始的地形和植被，并在山体走势和日照的 "双重" 条件下进行校园总体布局。

依据地形将功能空间垂直布置，采取 "化整为零" 的设计思路，以年级为基础形成六个组团，使所涉功能相对完备且集中，进而形成 "学校中的学校"，以避免大尺度新城区对校园运行和管理带来的不利影响。在关注教室、场馆等功能空间的同时，对走廊、门厅等非功能空间给予同等重视；保留校园内的自然地貌，使其成为 "自然教育" 的场所。

设计评述

方案用一种 "在地、高效、集约、面向未来" 的设计策略，尝试从建筑的角度 "不忘初心"——设计的出发点是尊重这片土地上的一草一木，是关怀这座校园里的每一个人。校园随山就势地进行整体布局，在保留下来的植被中开展 "自然教育"；同时，也提供了高品质的校园环境，营造了一条贯通于原有山谷的宽敞的通行动脉，满足集会、休憩、交往等多用途。设计对功能性空间和非功能性空间同等重视，符合新型教育理念对校园空间的要求。

主要设计人 • 王小工　王 铮　何亚琴　李少鹏　贾文若
　　　　　　卢 植　杨 凯　陈恺蒂　张丹明　周 梦

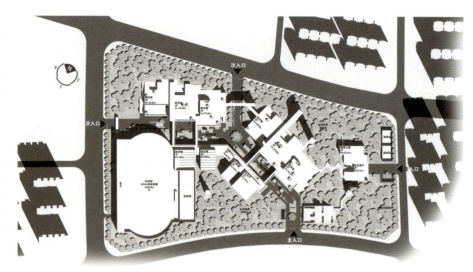

总平面图

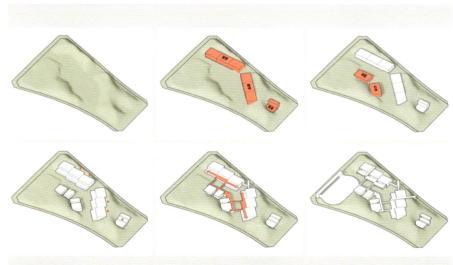

方案生成图

校园鸟瞰效果图

知识街巷鸟瞰图

知识街巷效果图

深圳前海桂湾四单元九年一贯制学校

- 一等奖 • 公共建筑／一般项目
- 合作设计／未中选投标方案

项目地点 • 广东省深圳市
方案完成／交付时间 • 2021年11月22日

设计特点

新校园以城市绿岛的地景姿态融入场地并用适应教育的空间形态回应教育的内容。抬升的学校操场和"学习社区"模式的教育组团共同营造了一个复合化的教育结构。这个结构中充满了场景化与互动性的空间,例如,一条具有参与感的立体"游赏"路径串联了所有重要的公共空间,将"游"与"学"有机地结合在一起。

教学空间的设计以"学习社区"的模式取代了传统学校"长走廊+教室"的布局方式。不同的"学习社区"适应不同年龄、不同学科的教学需求。它们形态各异又相互串联,围绕校园的中央庭院依次布置,创造了校园丰富的学习场景。

绿色智慧的观念在校园中处处可见:架空的底层和层层叠叠的屋顶绿化创造出立体的绿色山谷;适应当地气候的水平向绿植遮阳与被强化的空间"游赏"路径结合在一起,形成了建筑形式的独特表达。

设计评述

设计以"秩序"和"游赏"为空间策略,理性地解决高密度校园所必须面对的空间问题,同时,以东方人文精神营造具有参与感,回应当下教育的空间形态。未来,这所学校将成为"高密度城市山谷里的花园式学习社区"。"智慧学习与管理模式"消解了校园的空间边界,使学校真正成为知识共享的学习社区。

主要设计人 • 石　华　张广群　王　璐　张琳梓　闫景月
　　　　　　白　鸽　王新宇　金雪丽　吴越飞

西北鸟瞰图

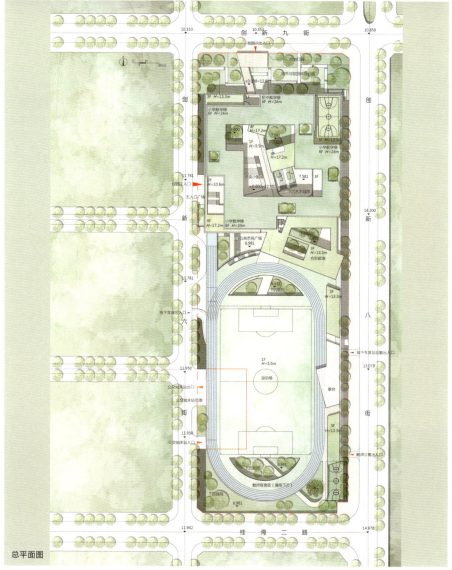
总平面图

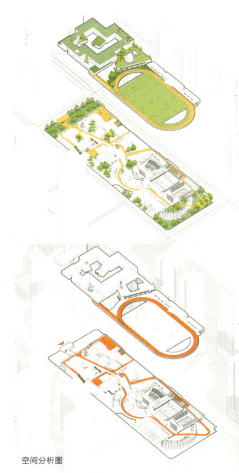
空间分析图

校园东北侧人视图

校园庭院人视图

校园庭院人视图

校园西侧入口人视图

深圳市龙岗区坪地街道综合文体中心

一等奖 • 公共建筑／一般项目　　项目地点 • 广东省深圳市龙岗区
• 独立设计／未中选投标方案　　方案完成／交付时间 • 2021 年 5 月 26 日

设计特点

项目位于深圳市龙岗区坪地街道，龙凤路、富华路路口，项目总用地面积 1.73 公顷，总建筑面积 7.19 万平方米。主要功能包括体育中心、文化馆、图书馆及市民艺术中心四个部分。

高密度的城市形态不断压缩邻里之间的社区生活，文体中心应成为社区日常生活的聚合体，每个人都可以在这里找到感兴趣的社区生活场景，不同领域的人们亦可打破圈层，相互融合。体育馆的大跨度空间需要较大的结构高度来实现，设计将单纯的结构空间放大，进而转化为容纳活动的场所。将高密度城市中最为稀缺的城市公园置入其中，在距离地面 10 米高的平台上打造一个全天候开放、便于到达的空中社区公园。高大的桁架层提供了坚实的结构支撑，成为上部文化艺术功能体量的基座。体育馆下沉至地面以下，降低了建筑的高度，使其与社区环境更加融合。

顶层布置相对安静的图书馆、文化馆和艺术中心，通过功能的有机整合，形成一个无界的文化平台。层板的自由组合提供了丰富的空间体验，内部空间尺度的收放在立面上被清晰地呈现。

桁架层形成空中花园，一个 24 小时开放的公共社区。巨型桁架结构提供了一个独特的空间形式原型，在模数化的几何逻辑中，置入了多元化的活动场所，使其成为兼具运动健身和娱乐休闲功能的社区公园，每个人都可以在这里找到属于自己的一方小天地。

首层布置最活跃的运动场所，大跨度的无柱空间提供了极大的功能灵活性，实现空间的自由组合与视觉的相互渗透。下沉的运动场地与广场、街区紧密连接，消除了传统体育建筑与环境之间的隔阂。

设计评述

方案采用独特的结构体系回应复杂的功能需求，巨型桁架结构不仅为体育馆提供了大跨度无柱空间，也形成市民活动的空中社区公园。建筑形象呈现出开放的姿态，下沉的体育场馆通过看台与街道和广场连接起来，人们也可以通过各种开放的路径到达空中公园与文化中心，不同的活动通过灵活的空间组织相互融合，形成了一个活跃的社区活动中心。功能、空间与结构成为立面的构成元素，构成了独特的建筑语言。

主要设计人 • 黄皓山　杨晓波　邓绍斌　温杭达　周冬韵　陈梓豪

总平面图

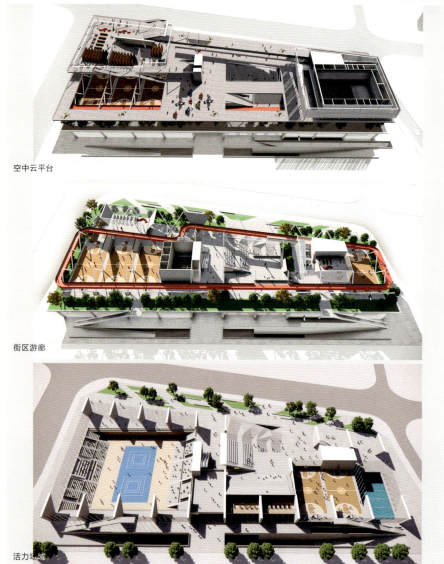

空中云平台

街区游廊

活力场域

沿街透视图

沿街透视图

文化中心入口透视图

城市客厅透视图

图书馆透视图

游泳馆透视图

深圳机场 T4 片区规划及 T4 航站楼

一等奖 • 公共建筑／重要项目　　项目地点 • 广东省深圳市宝安区
　• 合作设计／未中选投标方案　　方案完成／交付时间 • 2020 年 9 月 25 日

设计特点

深圳机场定位为立足粤港澳大湾区，面向亚太、辐射全球的国际航空枢纽和航空物流枢纽。T4 航站楼设计目标年为 2030 年，设计能力为满足年旅客吞吐量 3100 万人次，并根据旅客总量和航站楼分配，实现国内和国际的灵活调配。

T4 航站楼为"H"构型，轮廓、幕墙、屋面、天窗均采用了曲线化的处理。主体四层和三层主要为出港功能；二层和一层分别为国际、国内到港功能；地下两层，分别为轨道接驳通道、站厅值机安检及 APM 车站及线路。根据疫情防控常态化的考虑，在特定区域设置了疫情航班进港和检查功能区。

T4 航站楼投影下方有四条轨道，在地下一层公共区可与各线轨道平层转换。沿用现有穗莞深 11 号线、20 号线付费区连通的格局，新建深大线设置相对独立的付费区，并设置通道实现四条轨道之间的区内换乘。沿 T4 中轴形成轨道旅客出港厅，实现航站楼陆侧连接，与停车楼及酒店等主要节点之间"一线贯通"；加之轨道站周边的环形通道，共同形成"空铁"无缝衔接的综合交通枢纽及方位清晰、通达便利的换乘体系。

设计评述

本案构型充分利用了场地的宽度，可提供更多的近机位，站坪运行更高效，与轨道的关系更简单。建筑气势宏大、体态动感线条流畅——如中国古代神话中"水击三千里"的"鲲"和"直上九万里"的"鹏"——以"鲲鹏"的造型立意，寓意深圳开放的海洋文化和航空业的飞行主题，体现机场志存高远、锐意进取的国际枢纽新形象；也为 T3"鳐鱼"和 S1"海豚"的"海洋家族"增添了新成员，形成和谐统一的总体形象。

主要设计人 • 王晓群　李树栋　张永前　王一粟　黄古开
　　　　　　李　倩　赵若薇　梁　田　黄书橙　王世博

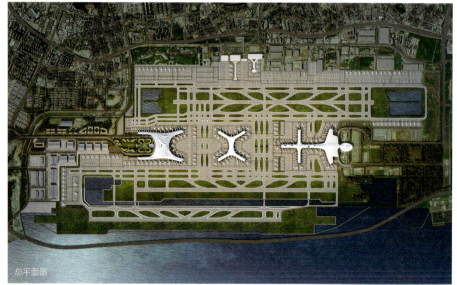

总平面图

剖透视鸟瞰效果图

空侧鸟瞰效果图

中轴透视效果图

剖透视效果图

室内效果图

室内效果图

室内效果图

嘉兴高铁新城规划展示中心

一等奖 • 公共建筑／一般项目　　项目地点 • 浙江省嘉兴市
　　　• 合作设计／投标结果未公布　　方案完成／交付时间 • 2021年3月12日

设计特点

项目用地西、北侧邻水，东、南侧毗邻城市道路。建筑主体兼顾三角洲及城市道路的形象展示面。四周面对城市开放，无背立面的流线型建筑体将成为嘉兴新的建筑名片。主体建筑靠近水岸，东南侧退让城市界面，形成市民活动广场；根据道路开口位置，于场地西南侧布置地面停车场；河岸通过景观设计打通城市与水岸的联通线。建筑景观一体化，利用地景高差设计，形成三首层的功能模式——抬升展览人流、平进接待人流、下沉会议人流。流线设计采用复线交通——建筑外侧植入盘旋上升的坡道直通城市云台，上升的缓坡为市民提供观看城市景观的平台；下沉的广场激活地下功能，同时容纳小型演出，聚集人气。

建筑采用非线性造型设计，珐琅板外饰面做参数化表皮处理，艺术化光影效果。外立面旋转形成城市景窗，上下两个观景视口将高铁新城和特色水乡两幅画卷收入展示中心，使城市成为最好的展品。

设计评述

方案设计在圆中寻求突破——体之飞舞、面之弯曲、心之涡旋、顶之升华。用建筑呼应城市，顺应景观，迎纳市民，彰显技术，创造空间，讴歌主题。

设计中需注意的问题：（1）总体规划应明确用地红线范围并标识清晰；（2）建筑造型应考虑建设方特点，控制好建筑投资的经济性；（3）以人为本，实用优先；（4）科学布局功能分区，保证建筑的实用性；（5）注意无障碍设计。

主要设计人 • 邵韦平　盛　辉　林　琳　刘　佳　王莹莹
　　　　　　齐立轩　陈　述

总平面图

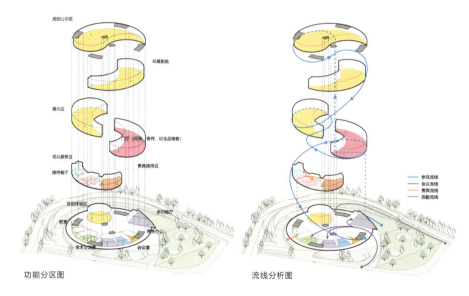

功能分区图　　　　　　　　流线分析图

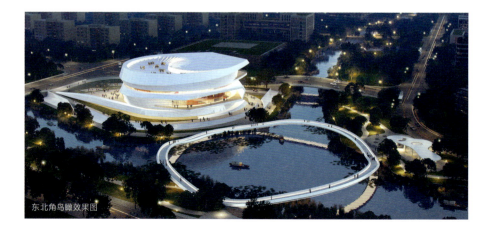

东北角鸟瞰效果图

西南角鸟瞰效果图

北侧沿河效果图

东侧沿河效果图

门厅室内效果图

北京城市副中心 FZX-0401-0151、0152 及 FZX-0401-0231 地块城市设计

一等奖 • 公共建筑／重要项目
• 独立设计／投标结果未公布

项目地点 • 北京市通州区
方案完成／交付时间 • 2020 年 12 月 7 日

设计特点

项目位于北京城市副中心 04 地块老城区内，两块用地分别位于通惠河南北两侧，周边市政设施完备。北区地块设置了办公场所和会议部分，南侧场地布置了办公场所，在靠近东南角城市道路主要交汇处布置了市民中心。该地块将建设"以人为本"、生态、智能的新型政务办公城市综合体。

设计采用围合式布局，北地块形成两进院落；南地块通过建筑与连廊形成五进不同尺度的院落。建筑整体沿城市道路一侧构建完整的城市界面；沿河道及景观廊道一侧，结合市民中心，将建筑打开，把景观引入内庭，与环境有机结合。延续滨水景观体系，打通桥下断头步道，形成可赏景、可亲水的活力城市带。为了加强南北两个地块的联系，设置了跨越通惠河的步行连桥。

北地块采用双合院布局，东院向通惠河敞开，形成地块主入口。会议中心设于西院，通过过街楼及连廊与主体建筑相连。新建筑与保留建筑之间，运用室外灰空间的设计，使入口空间相互结合，成为一个有机整体。南地块办公部分采用双 U 形合院布局，朝向城市及内院均设入口。市民中心北侧朝向通惠河、南侧朝向新华大街敞开，形成双向、双层入口，通过二层步行连廊相互联系。

设计评述

项目建设用地包含两块，分别位于通惠河的南、北两侧，地理位置比较独特。规划贯彻设计导则，采用围合式布局，构建不同尺度的院落空间，形成尺度适宜、内外层次分明的空间体系。在城市道路转角设置造型独特的建筑，形成开放、独立的城市标志性建筑空间。南区是坡屋顶重点区，通过设置向内的坡屋面丰富了建筑的第五立面，将屋顶设备的机组和管道巧妙地隐藏在屋面下。设计充分考虑了滨水空间的利用，从景观视线上和人流可达性上做了深入的研究利用。

主要设计人 • 叶依谦 刘卫纲 段 伟 高雁方 刘二爽
严格格 刘 智 郝 岩

总平面图

0151 地块入口人视图

0151地块连廊人视图

0231地块庭院人视图

0231地块沿岸人视图

鸟瞰图

北京中轴线地安门外大街复兴计划

一等奖 ● 城市规划与城市设计／一般项目　　项目地点 ● 北京市西城区
● 独立设计／工程设计阶段方案　　方案完成／交付时间 ● 2021年8月16日

设计特点

地安门外大街位于北京老城传统中轴线的北端，东连南锣鼓巷，西临什刹海，南起地安门东西大街，北至鼓楼，跨东西两个城区，全长近800米。自元代形成以来，地安门外大街前承皇城、后启闹市，历史上承载的商业功能延续至今，是中轴线上形成时间最早、形态最稳定的商业街市，体现了中国古代传统"前朝后市"的营城理念。

设计以"中轴线申遗保护三年行动计划"为指引，加强街区整体规划研究，加强沿线各类整治更新项目的计划和进度统筹，加快组织推进实施，以全面提升地外大街整体空间品质，再现"前朝后市"古都商业街景象，助力中轴线申遗保护。

设计落实"新总规"及"核心区控规"要求，深入挖掘街区文化、保护地安门外大街空间格局及街道风貌，落实"老城不能再拆"的要求，坚持"保"字当头，以"中轴线遗产区"为核心，以恢复"沿街界面风貌"为切入点，结合老城整体保护和"核心区控规三年行动计划"，拓展研究范围至街区层面，围绕"一轴两翼三节点"，同步深化东西两侧街区更新，通过中轴线遗产区的综合提升带动周边街区全面复兴。

首次创新性地以"微整治、微修缮、微更新"为理念，对地安门外大街建筑立面进行保护修缮与提升。尊重沿街商铺现存建筑材料、工艺、设计、环境及其所反映的历史、文化、社会等相关信息的真实性，并对其价值、载体及环境等各个要素完整性地保护。

规划站位国际视野，遵循国际遗产保护"真实性""完整性"的原则，尊重地安门外大街在历史演化过程中形成的包括各个时代特征、具有价值的物质遗存，体现历史融合、留住文化记忆。聚焦历史空间节点，塑造大街空间秩序，通过对"鼓楼、万宁桥、地安门"三大重要节点提升塑造地安门外大街的空间秩序。

设计评述

方案对地安门外大街的历史沿革、文化背景、空间格局等研究得非常细致深入，对北中轴整体格局及重要节点都进行了系统的研究和规划；基于地外大街独特地位和重要意义创新性提出了"三微"理念；在中轴线申遗的背景下，以沿街界面风貌恢复为切入点、严格落实"新总规"及"核心区控规"要求，完成了较高水平的空间提升设计方案。建筑立面设计遵循历史风貌和北京老城保护的要求，体现了对历史的尊重。

主要设计人 ● 吴晨 郑天 刘立强 李文博 杨婵
姚明曦 魏凯 周春雪 李想 吕玥
李婧 马振猛 肖静 施媛 崔昕

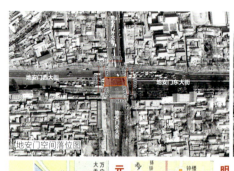
地安门空间落位图

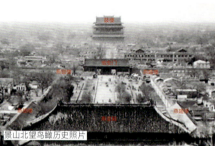
景山北望鸟瞰历史照片

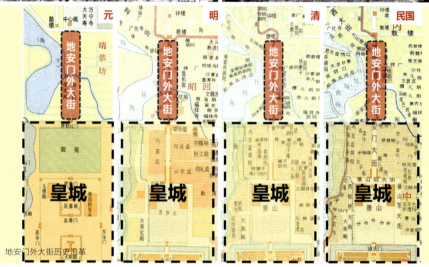
地安门外大街历史沿革

空间区位

景山北望鸟瞰效果图（复建地安门）

北中轴线鸟瞰图

鸟瞰效果图（由东向西）

总平面图

夜景鸟瞰效果图

夜景照明效果图

重庆市广阳岛智慧创新生态城城市设计

一等奖 • 城市规划与城市设计／一般项目
• 合作设计／中选投标方案

项目地点 • 重庆市主城区东部
方案完成／交付时间 • 2021年3月2日

设计特点

项目位于重庆主城区东部长江之畔，总面积约105平方千米，是全面对接"长江风景眼·重庆生态岛"广阳岛的关键组成部分。设计将加强"岛内岛外协调联动"，推进广阳岛片区长江经济带绿色发展示范建设。

总体城市设计以"山水共荣·万象互联"为主题，以"山水沁润·生态韧性""集约高效·温暖包容""智慧互联·迭代发展"及"精神归宿·四时喜乐"为"四大立意"，构建了智创生态城的发展框架，同时聚焦城市更新、乡村振兴等热点领域，选取片区展开了节点设计，在诗情画意中描绘了未来的生态、生产、生活场景。

设计评述

方案设计底层逻辑夯实，生态本底的梳理、景观意境的营造、产业功能布局和空间形态设计贴合用地条件；节点设计以牛头山为绿核，整体追求山水画卷美感，构思很有诗意；建筑设计具有重庆特色。

主要设计人 • 张 宇 黄新兵 吴英时 吴 霜 石 华
谢安琪 曹敬轩 邹啸然 胡祥斌 于家宁
付瑾瑜 许健宇 王 蕾 李 航

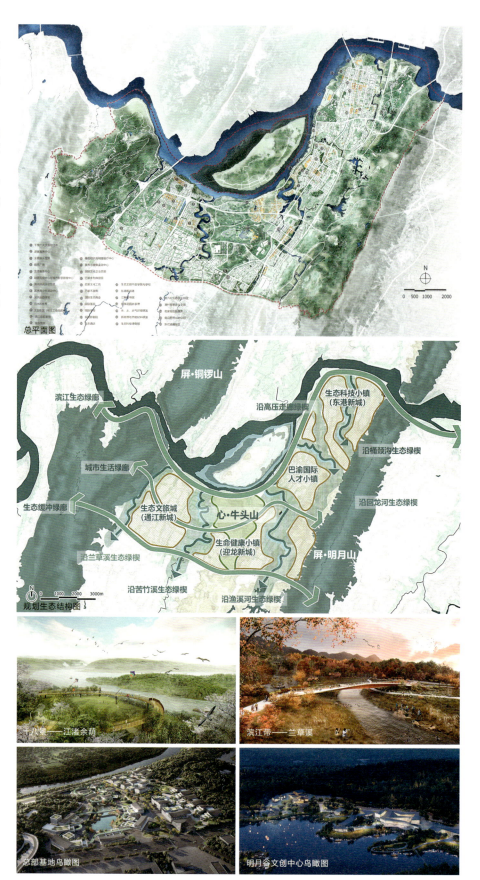

鸟瞰图

2020国际服务贸易交易会场馆规划

一等奖 • 城市规划与城市设计／重要项目 • 合作设计／非投标方案

项目地点 • 北京市朝阳区
方案完成／交付时间 • 2020年8月20日

设计特点

2020年中国国际服务贸易交易会会场位于北中轴景观大道，东临鸟巢，西临水立方，场馆面积11万平方米，其中，国家会议中心室内面积3.3万平方米，奥林匹克公园公共区临时场馆面积7.1万平方米。整体规划围绕中轴景观大道展开，五扇门自北向南依次排开并横跨景观大道，通过将景观大道两侧分散的展馆连成一体，气势恢宏，其形象呼应奥森公园"奥海""仰山"的设计主题，以山形意向体现中国传统文化对称、平衡、和谐的意蕴，形成"中国向世界开放，世界相约在中国"的活力景象。

光立方为5米见方的立方体构筑物，采用发电玻璃新材料，将太阳能转化为电能为夜景照明、公众手机充电提供服务，同时满足纳凉、休息、展示等服务要求。

综合展场序厅部分位于国家会议中心一期2号厅内，序厅平面为42米×42米。作为唯一的室内综合展场的序厅，是本次展览内容的"总前言"，并作为国家领导人参会巡展的重要接待场所，承担着非常重要的政治任务。

设计评述

根据设计方案提出几点建议：（1）篷房按照现状条件设计的消防车道应满足消防车通行、救援作业的要求；（2）确定光立方放置位置，依据现行消防技术规范设计各场馆的疏散出入口数量、宽度及长度，并补充各场馆的面积及使用人数；（3）光立方立面设计需考虑造价问题；（4）梳理部分平面流线，如首层入口至乐活院流线等；（5）注意超过2500平方米的场馆，应在安全出入口侧设置消防水喉；（6）进一步完善平面功能及细节问题，如公共卫生间设置；（7）序厅信息柱位置需避免有互相遮挡情况出现；（8）地台四周全部按坡道设计不使用台阶。

主要设计人 • 杜佩韦 李乃昕 李 洁 龙 虎 赵 坤 米 岚 杨 睿 杨 蕾 罗天煜

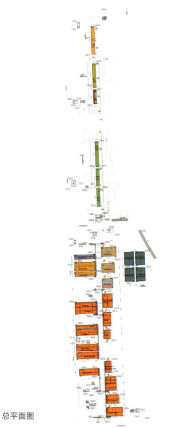
总平面图

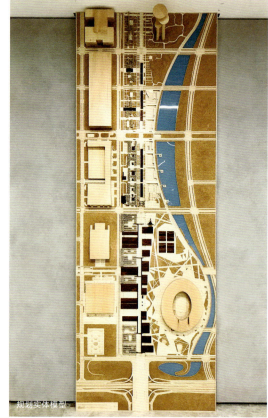
规划实体模型

迎宾门实景

临时展厅实景

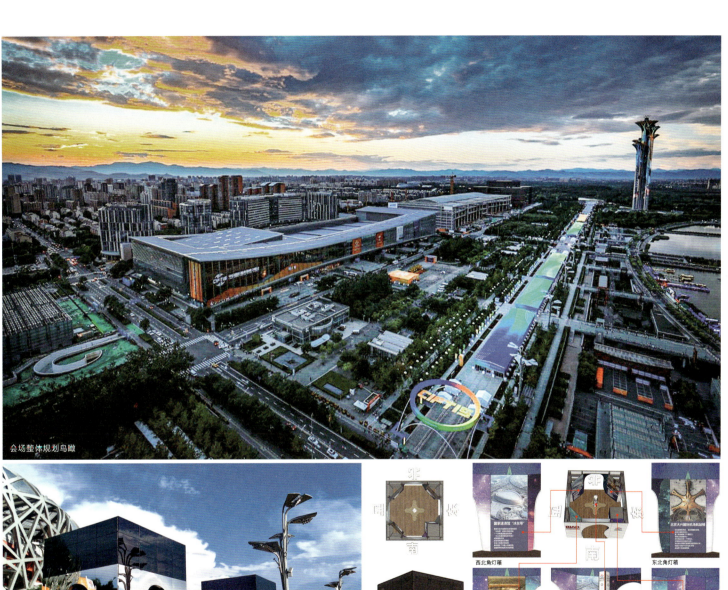

会场整体规划鸟瞰

光立方实景

序厅实景

序厅实景

常州会展中心规划

一等奖 • 公共建筑／一般项目　　项目地点 • 江苏省常州市
• 独立设计／非投标方案　　方案完成／交付时间 • 2020年9月21日

设计特点

项目位于江苏省常州市新北区，周边交通条件良好，风景秀丽；旨在提升城市区域形象、生态公共空间体系，打造高端会议小镇。方案设计理念为：人流车流整合、多维交通体系；区域整体设计、重塑区域形象；流畅曲线延伸、功能交融互补；面向城市绿廊，完善北苑景观；创新会展设计、引领现代生活。

项目包含8个地块，以会展为核心功能进行整体规划方案。东侧3个地块，暂定为会展一期，其中酒店建筑面积约4万平方米，会展中心建筑面积约9.76万平方米。相邻南侧地块（原医院用地）作为会展中心二期加酒店考虑，其中酒店建筑面积约4.5万平方米，展览部分建筑面积约4万平方米。中间两个地块作为低密度商业步行街考虑。西侧两个地块作为住宅，总建筑面积约40万平方米。

会展中心处在常州高铁新城景观视廊的中央，功能完善、交通高效，双坡屋面仿佛波浪起伏、山岚叠嶂，呼应江苏传统建筑。流线型造型连接周边河流与景观，展示城市格局和包容大气的精神。

设计评述

方案做到了全方位、多角度、分层次地对常州会展中心做了分析，在保证功能合理的基础上具有趣味性、多样性和可选性，使空间有极强的参与性和体验性。方案注重会展建筑功能清晰明确，设计主线清晰，趣味与变化共存。建筑功能合理，功能模块全面，流线清晰。建筑造型独特且不张扬，细节及材料结合恰当，体现设计感，具备创新性、合理性。

主要设计人 • 李亦农　孙耀磊　冯晓晨　潘牧宁

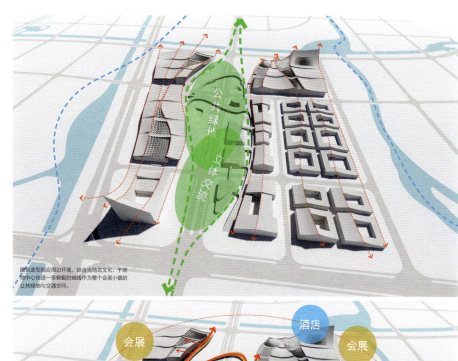

建筑造型顺应周边环境，结合当地龙文化，于场地中心创造一条蜿蜒的轴线作为整个会展小镇的公共绿地与交通空间。

在小镇中心建立一条连接首层和二层的空中环廊，连接会展与商业，将用地最大范围的连接，激活场地活力。

夜景鸟瞰效果图

大范围鸟瞰效果图

中国石油大学（华东）古镇口科教园区专家公寓

一等奖 ● 居住建筑及居住区规划／一般项目　　项目地点 ● 山东省青岛市黄岛区
● 独立设计／未中选投标方案　　方案完成／交付时间 ● 2020 年 8 月 18 日

设计特点

项目选址青岛市南部的古镇口科教园区，是在总体规划基础上的专家公寓；用地面积 3.71 公顷，建筑面积 4.4 万平方米。其中，地上建筑面积 2.4 万平方米，地下建筑面积 2 万平方米。建筑地上 7 层、地下 1 层，高度 24 米。以"山—水—园"为设计理念，力求充分吸纳山海景观的同时，打造高品质园区住区环境，形成学校生活区的绿色活力"后花园"。

校园西区定位为生活居住区。专家公寓需满足高层次人才生活所需，故注重空间品质，力求打造宜居舒适的空间氛围。建筑东侧打开，呼应景观次轴，充分利用西侧山水景观，建立园区内外景观视线通廊，使靠近内院房间有更好的景观朝向。

北侧为园区主景观轴。为避免与景观轴割裂，对北侧体量进行分段处理，形成单元点式公寓布局，使轴线景观与内院景观相互渗透形成整体，获得灵动开放的内院空间。设置首层独立小院、屋顶花园、观景平台、下沉广场，并通过垂直交通予以连接，形成立体、多尺度层级的公共空间。内部朝向庭院景观，界面丰富灵动，通过面砖、防腐木、质感涂料等材料组合，形成小尺度、亲近人的建筑形象。西侧界面通过体块错动、出挑，形成"观山望水"的动感形态。

设计评述

设计对东西校区功能分区、景观结构、地下空间进行统一考虑，对建筑布局、交通路网等进行统一的梳理，在满足校园居住需求的同时，提升了园区的布局结构和空间环境品质。建筑各功能分区合理，各类型产品布局紧凑，满足当前和未来发展的弹性需求。整体建筑风格与现有园区及一期建筑相协调，使整个园区具有统一完整的建筑形象，对景观主轴、次轴的呼应较好。

主要设计人 ● 边　宇　武世欣　纪梓萌　赵　旭

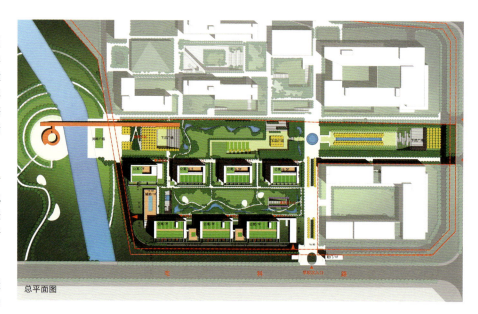

总平面图

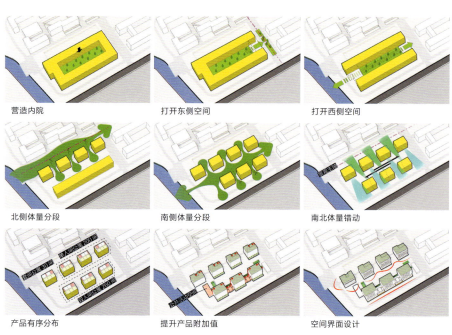

营造内院　　打开东侧空间　　打开西侧空间
北侧体量分段　南侧体量分段　南北体量错动
产品有序分布　提升产品附加值　空间界面设计

西北人视效果图

鸟瞰效果图

西南人视效果图

东南人视效果图

套间公寓效果图

月坛体育场

一等奖 • 室内设计／一般项目　　项目地点 • 北京市西城区
• 独立设计／中选投标方案　　方案完成／交付时间 • 2021年3月8日

设计特点

项目是为迎接冬奥会而建造的高标准训练运动场；其中，地下精装的主要空间分别为门厅、冰球馆、篮球馆以及格斗场馆等。精装面积1.12万平方米，建筑高度11.6米。设计原则为：展现中国冬奥形象，体现冰雪元素，符合新时代与现代化要求，传承月坛地区与月坛体育馆的历史与文化。

设计主要强调色彩、造型和文化——（1）结合精装全部集中在地下的空间特色以及成本控制的需求，把"色、形、质"中的"色"为设计重点，注重梳理色彩逻辑。（2）造型作为色彩的辅助，主要应用在吊顶的变化中。（3）以文化内涵为依据，提取中国传统颜色和线条，强调运动主题。

设计评述

整套方案设计手法统一，在满足使用功能的同时保证空间既各有特色又相互关联，在保证了体育精神的同时又体现了传统文化的内涵；兼顾赛时功能和赛后服务群体的变换。设计紧贴冬奥会主题，提炼冰花造型结合金属铝板的工艺运用在滑冰场吊顶。吊顶造型结合照明设计，采用反射灯与直射结合，减少沉重感及地下无阳光之不适感。门厅及篮球馆等空间结合地下入口空间，打造现代简洁的运动空间。

主要设计人 • 顾　晶　冯颖玫　钟永新　昶新星　罗屹昀
　　　　　　王凌云　赵鑫杰

南门厅效果图

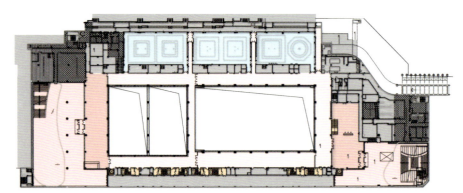

地下一层平面图

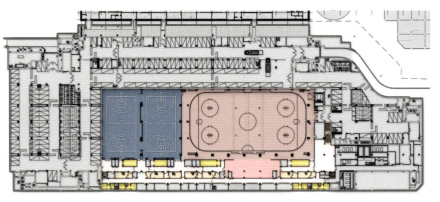

地下二层平面图

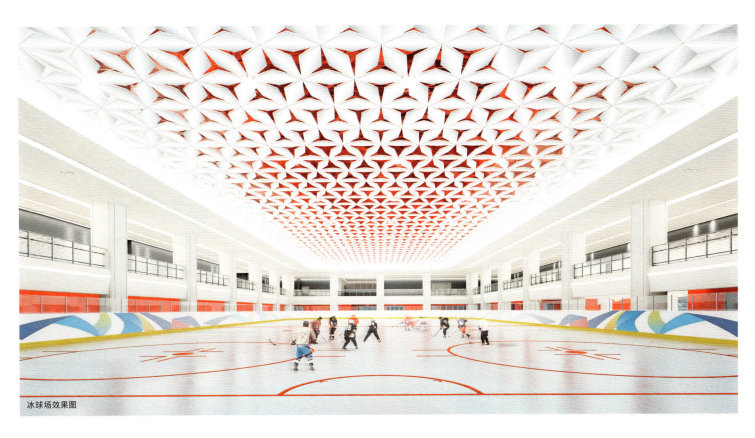
冰球场效果图

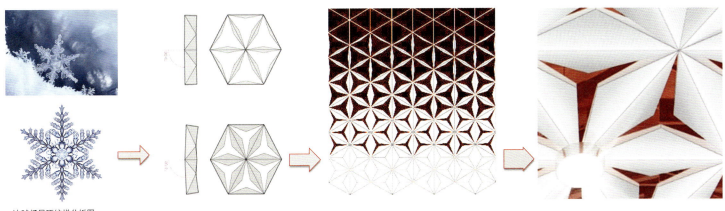
冰球场吊顶纹样分析图

观众休息厅效果图

篮球场效果图

北京城市建筑双年展 2020 先导展整体空间设计

一等奖 • 室内设计／一般项目
• 合作设计／非选投标方案

项目地点 • 北京市通州区
方案完成／交付时间 • 2020 年 8 月 2 日

设计特点

北京城市建筑双年展 2020 先导展是北京承担的首个国际性建筑展览。先导展空间采用了临时棚房——这既是疫情冲击下的应对措施，也是设计策略上的创新——在非常短的时间内完成场馆和展陈搭建，包括：1800 平方米室内展场、750 平方米的论空间和近 2000 平方米户外活动区域。

装配式棚房可以在一周内完成空间搭建。清单式的元素（如外门、外墙、标准化地基基础、结构形式、空调系统等）都具备不同性能和外观选项，可根据需求进行搭配，在展览结束后可以快速拆除，不仅大多数构件可以回收，而且多数内部展品亦可回收。

室内布局以象征北京市中轴线的空间序列串起"开幕式论坛区"和"先导展阐述区"，形成富有戏剧性和仪式感的看展体验。以"先导展阐述区"为核心，各大展览板块辐射分布在其两侧和后方，分区明确，同时具备空间引导性的视觉体验。

设计评述

设计团队在非常有限的时间内，高质量地完成了北京城市建筑双年展 2020 先导展的策划、展陈设计、空间搭建和展陈搭建。在"装配式建筑体系运用"和"展陈设计"两方面都做出了非常有意义的尝试。在展览场地空间的整体规划上、展览内部空间组织上，都处理得非常出色。

主要设计人 • 邵韦平 郑 实 张 帆 王祥东 姜 冰
周士甯 朱学晨 吴英时 米俊仁 王亦知
张 浩 韩慧卿 金 磊 孙北珊 奚宜冰

轴测图

展览内容
1. 多元·共生：北京需要一个什么样的双年展
2. 张家湾设计小镇·规划与智慧城市
3. 新中国大工匠智慧——人民大会堂
4. 世纪巨作——大兴国际机场工程展
5. 数字时代 X 建筑表达
6. 北京与伦敦城市与建筑对比研究
7. 筑·未来——青年建筑师黄页
8. 第二十七届世界建筑师大会中国展过程展
9. 材梨准中·绳墨营国
10. 致敬中国百年建筑经典——北京 20 世纪建筑遗产
11. 礼士书房
12. 开幕式论坛
13. 户外签到场地
14. 凤凰媒体中心艺术雕塑
15. 开幕式用餐区
16. 休息区

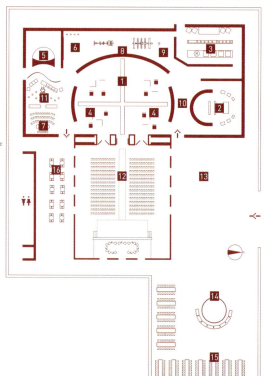
总平面图

户外签到场地

凤凰媒体中心艺术雕塑

金中都城遗址公园

一等奖 · 景观设计／一般项目　　项目地点 · 北京市丰台区
· 独立设计／非投标方案　　方案完成／交付时间 · 2020 年 11 月 12 日

设计特点

金中都是金朝都城。现残存的金中都城南垣、西垣的三处遗迹分别位于高楼村、凤凰嘴（咀）村和万泉寺村，是研究北京历史和城市变迁的重要实物。金中都城遗址公园贯穿作为北京西南门户的丽泽金融商务区的核心区域。

金中都城遗址公园设计主题是"金垣赋新诗"，旨在彰显"文化风骨、金垣风光、金融风采、时代风貌"，见证北京历史的发展；同时也是保护"五朝古都"及丰台区的核心文化遗产资源；还是构筑丽泽金融商务区传统文化与现代文明交相辉映的文化金名片；并且让文物在百姓文化生活中"活"起来。

公园主要包括"标识基址的特定界面""金城汤池的山水骨架""景面文心的精神语言""组合成篇的文化展现""联动城市的积极空间""连续多致的街景构建"和"传递古韵的绿脉构建"等七个部分。

设计评述

项目定位需进一步提高，作为建都起源地，重在体现北京建都历史，形成明晰、可认知的体验线索。总体部分需融入服务对象、服务功能、空间处理、园路交通组织、竖向的分析。在空间处理上，要展现街景空间以及从城墙界面过渡到内向空间的总体处理。

主要设计人 · 孙　勃　刘　辉　李程成　沈鑫鑫　高　悦

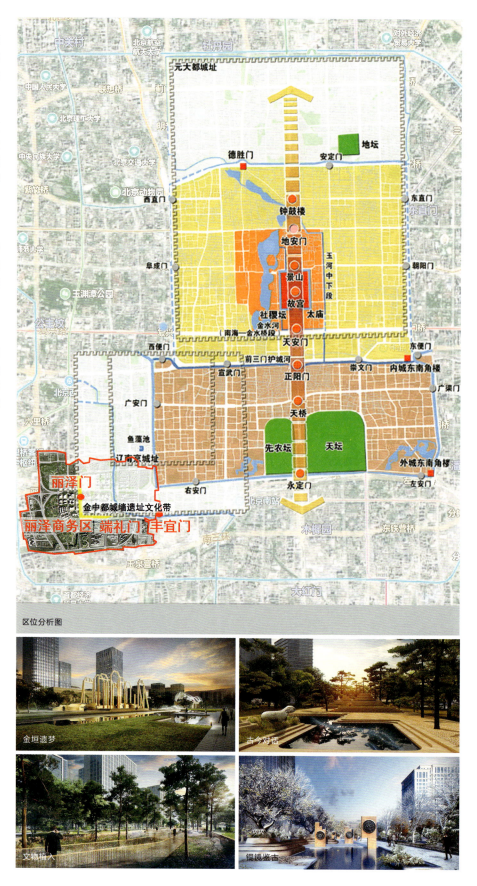

区位分析图

鸟瞰效果图

金垣十景(户外博物馆)规划图

传递古韵的绿脉构建图

联动城市的积极空间

山西运城解州春秋路遗址公园景观

一等奖 ● 景观设计／一般项目　　项目地点 ● 山西省运城市
● 独立设计／中选投标方案　　方案完成／交付时间 ● 2021年6月15日

设计特点

项目位于山西省运城市盐湖区解州镇域内，解州古城西侧，距运城市区约20公里，总占地面积约22.08公顷。用地南望中条山脉，北依硝池，东临盐湖；用地周边，由关公街、旅游路、临陌路和运芮路构成"两纵两横"的道路格局，往来交通便利。

方案以"文物保护的原真性、环境提升的整体性、民俗信仰的延续性、工程建设的可实施性"为设计原则：充分尊重解州关帝庙本体及周边文物，复原历史轮廓与空间关系；运用先进的工程建设手段，对文物及遗址进行全方位、多层次、多方式的保护及展示；深入理解解州关帝庙本体在区域内的核心价值，全面考虑周边环境与关帝庙的紧密联系；运用系列化的设计手段，完善并提升解州关帝庙周边的场所空间；结合解州镇当地的建设条件与实际情况，务实有效地开展方案设计和工程建设工作。

设计评述

方案设计目标与"世界遗产"的突出普遍价值定义一致。在关注当地文化与地方传统的前提下，保证文物及遗址的真实性、完整性。规划布局需进一步注意与周边道路环境的整体协调性，为祭祀关帝等民俗活动提供场所；恢复关帝庙周边环境真实的历史用途与功能，保持当地传统和文化的连续性。个别区域的主次入口应注意人车分流，避免流线交叉。

主要设计人 ● 李亦农　孙耀磊　马　梁
　　　　　　杨　达　刘　晗　龙雨馨

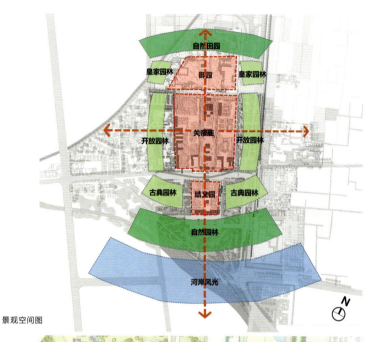

景观空间图

景观总平面图

中山大学附属第七医院（深圳）二期

二等奖・公共建筑／重要项目
合作设计／工程设计阶段方案
项目地点・广东省深圳市光明区
方案完成／交付时间・2020年11月30日

设计特点

项目位于深圳市光明区，北望中山大学深圳校区，设计寓意"凤引九雏"。二期医院与中大深圳校区紧密联系，医院建筑群在场地内的整体布局沿用凤形，寓意"雏凤清声"。二期项目位于一期东侧，规划总用地面积23.36公顷，总建筑面积69.98万平方米，规划床位数3200张。

医疗布局取代传统中心板块式的功能布局，以医学专科分类进行功能整合，将放射、超声、功能检查等各项植入到各中心，实现"一站式"医疗，控制就医流线在50米左右，方便病患就诊。各中心既相对独立又能够与关联度较高的学科疾病中心互联，从而实现全院资源统筹运营。

结合公共功能的屋顶和架空花园，在高低错落的楼栋间形成丰富的立体景观，也赋予院区灵动的天际线。通过下沉广场、地面、裙房屋顶以及塔楼空中花园，营造富于层次的景观系统，为医患活动提供舒适的情境空间。塔楼中段开敞式花园作为整个基地建筑群的通风廊道，有效组织区域风环境，改善院区微气候。

交通设计强调与轨道站点及城市慢行系统的一体化衔接，打造多层次互联立体交通体系，实现不同交通方式之间的快速转换与分流。地下庭院系统接驳地铁与城市空间；地下环隧系统大幅度提升机动车辆的可达性。场地内交通以医疗功能规划为导向，人性化地设置直抵站点式的交通模式，匹配多中心制医疗模式，实现与城市交通的无缝衔接。

设计评述

设计在有限用地内解决超大的规模需求，建筑灵活分散布局使得高密度建筑群体量有所控制，从而实现良好的公共空间。建筑造型体现现代性，景观充分利用地面、屋顶、空中庭院实现立体化。交通应对超大规模建筑，采用核心枢纽设计理念，运用立体交通手法解决复杂需求，医疗外部流线清晰。医疗布局采用分组团、多中心布局，优化医疗和患者流线，探索超大规模医院设计的核心问题，从人性化角度提出设计创新。注重绿色建筑技术运用，满足绿色建筑二星级及装配式建筑要求。

主要设计人・邵韦平　南在国　李大鹏　任振华　刘碧峤
　　　　　　赵敬敬　黎源　赵熙　杨晶　张强
　　　　　　王玥　崔巨宏　崔玥　李隽　王娟

远期规划东南角鸟瞰图

多中心制的医疗功能布局　疾病中心组团示意　组团3内部联系示意

北塔楼空中花园视野

南侧主入口人视图

多层互联直抵站点的交通模式

东侧人视图　　下沉广场透视图

怀柔科学城雁栖小镇

二等奖 • 公共建筑／一般项目　　项目地点 • 北京市怀柔区
　• 独立设计／工程设计阶段方案　　方案完成／交付时间 • 2020年6月12日

设计特点

小镇位于北京市怀柔区雁栖湖畔，总用地面积45.72公顷，总建筑面积40.82万平方米。作为怀柔科学城的综合服务配套项目，致力于打造舒适、宜居、国际化的城市会客厅与京城"后花园"。

方案将基地与环湖高架相连并增加车道，拓展城区与基地的可达性；建立城市活力绿廊，将雁栖湖风光与科学城形成视觉共享，打造绿色生态的城市绿地公园；建立融合一体的区域慢行系统，将开放街区与自然景区、城市功能相融。

用地延续"小街区、密路网、高贴线率"的总体规划思路，以"小尺度、高密度、向心性"的建筑肌理打造小镇聚落；以简洁、淡雅、亲人的建筑风格构成文化感与自然感；以砖、土、木、石、瓦为主要材质，注重垂直绿化，使传统材质焕发新貌。

首开区外圈临水一侧设置居住功能，内圈设置商业、文化、娱乐功能。项目业态以演艺中心为核心，辅以集中商业、沿街商业、科研工作室、酒店、民宿、艺术街区等功能，增强小镇的影响力与活力。演艺中心作为文化焦点，以中心广场及街边艺术场景带动活力氛围；同时，植入特色艺术活动，通过举办国际专业论坛提升价值高度、组织热点活动（如艺术节、灯光节等）激发文化活力。

打造水系多样性，创造丰富滨水环境：（1）设置滨河湿地公园、滨河漫步景观道、滨河街道、滨河餐厅、滨河游憩平台等；（2）将原本池塘水系优化，形成景观湖面，并结合亲水建筑聚落，打造自然景观与人工景观融合的多层级景观系统。

设计评述

方案依托雁栖湖的优质自然风光，着力打造多元、开放的国际文化氛围，注重建筑与自然融合及近人空间设计，为怀柔科学城增添一景。规划布局合理，分区明确：（1）从功能分区、动静分区、近人空间等多维度体现人性化设计；（2）以标志性建筑塑造核心形象，向四周辐射串联其他街区；（3）通过开放的建筑底层空间，营造出充满活力、连贯、近人的多元化街区。

主要设计人 • 刘淼　杨勇　李雪　韩夏　贾钧凯
　　　　　　马文洛　赵淑婷

鸟瞰效果图

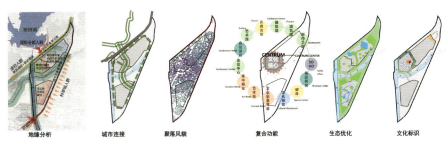
分析图

文化中心效果图

酒店改造效果图

中心广场效果图

龙兴寺历史文化街区城市有机更新

二等奖 • 公共建筑／一般项目　　项目地点 • 四川省成都市彭州市
　• 独立设计／工程设计阶段方案　　方案完成／交付时间 • 2021年1月4日

设计特点

项目位于四川省彭州市龙兴寺片区，规划总用地面积13.91公顷，总建筑面积15万平方米。龙兴寺片区致力打造"城市文化客厅、全域旅游门户、传统文化道场、公园城市生活典范"；区域主要功能有商业、酒店、民宿、市民活动中心、汽车库及配套机房等。

龙兴寺片区具有深厚的城市文化积淀，通过梳理龙兴寺禅意文化、有价值的民居建筑、传统街巷和名木古树，分别针对建筑、街巷、树木等提出改造方案。方案提出"四大设计策略"，分别为：保留传统文脉、重塑文化内涵、创新打造城市客厅、营造公园城市环境。

以龙兴寺禅意文化为基础，塑造亭台楼阁、轩榭廊舫，打造立体山水园林；以传统建筑为主体风格，打造不同的建筑空间意向；强化中国传统建筑的"第五立面"，通过公共建筑的"漂浮"，创新打造新的城市精神堡垒；通过提取传统川西建筑的公共空间意向，并以现代材料进行传统表达，打造贯穿白天与夜晚的城市公共休闲空间；通过从人民渠引水串联龙兴寺片区各区域，以水为媒介，提高水系和绿化景观系统质量，打造特色城市开放空间。

设计评述

设计以彭州市传统文化为基础，以"过去—现在—未来"为设计概念，以"城市客厅、文化名片、旅游门户、新型商业中心"为导引，打造彭州城市新中心、体现城市新形象。设计在如下几个方面发力：以独特形式将文化场所与商业氛围相结合；以传统建筑风格为主题打造丰富的建筑空间体验；通过引入高品质商业业态，提升彭州市商业品质；完善景观、夜景照明，提升城市整体环境氛围。

主要设计人 • 尹莘懿　徐丰　程丽　孔祥源　陈芳菲
　　　　　　李建伟　李伟　郭晟楠　张晓峰　王昊楠
　　　　　　尼宁　丁玲　杨洁　翟雪　陈一心

东南侧鸟瞰图

方案模型

总平面图

商业长廊效果图

流觞亭效果图

图书馆效果图

江北嘴 B01 地块

二等奖 • 公共建筑／一般项目　　项目地点 • 重庆市两江新区江北嘴 CBD
• 独立设计／工程设计阶段方案　　方案完成／交付时间 • 2020 年 9 月 30 日

设计特点

项目位于重庆市江北嘴 CBD，长江、嘉陵江两江交汇处，包括 1 栋 200 米酒店综合体和 3 栋酒店式公寓。设计深度挖掘重庆及地块的本底特征，从城市、人文、开发运营、建筑技艺以及场所体验等多层面营造具有地区标志性的建筑。设计充分回应重庆建筑的空间特征，融汇重庆山水城市的特色，几组建筑的空间布局良好地顺应江岸关系，与周边重要城市节点（朝天门大桥、弹子石、朝天门广场等）形成良好的互动关系；充分发掘江北城历史文化传承，赋予建筑和城市以文化属性。近地空间以新的建筑材料及技术营造具有重庆城市文化特征的连续屋脊系统，再现古江北城历史记忆。

建筑塔楼以简洁的形式和 45 度的斜向空间关系呼应场地与长江的关系以及建筑面向长江风景的视野。主塔楼塔冠以几何斜切的形式隐喻 W 酒店的品牌立意，创造未来重庆网红打卡地。几组塔楼的空间布局充分考虑了项目未来开发建设的次序与可实施性，为今后的运营管理创造了良好的条件。充分考虑项目未来的使用体验，在不同的维度及层级创造具有美好体验的空间场景，塑造重庆独具特色的场所体验地。通过对建筑材料、细节的精确把控，以及整体 BIM 的运用，确保实现高完成度的精品项目。

设计评述

建筑群由酒店综合体主塔、3 栋酒店式公寓塔楼和低层宴会会议楼群构成。方案的平面交通组织、酒店功能布局、酒店与公寓面积配比、双酒店房间数配比、竖向客流系统、外立面幕墙方案以及地下室功能的布局等各项成果，均设计合理、功能完整。高层塔楼注重高级感、统一性、功能性和稳重感，建筑群体要展现繁华、个性和丰富性等特色。设计做到了在整体协调之中各具特色。

主要设计人 • 黄新兵　石　华　吴英时　杨　苏　付　烨　金　顾
　　　　　金雪丽　靳江波　李　昕　王新宇　闫景月　吴　霜
　　　　　王子豪　吴越飞　张琳梓

鸟瞰效果图

区位图

总平面图

朝天门大桥视点效果图

酒店塔楼室内效果图

酒店塔冠效果图

中国医学科学院阜外医院深圳医院三期

二等奖 • 公共建筑／重要项目
• 合作设计／中选投标方案

项目地点 • 广东省深圳市南山区
方案完成／交付时间 • 2021 年 6 月 21 日

设计特点

项目位于深圳市南山区朗山路以北，作为医院三期工程，用地面积 1.32 公顷，总建筑总面积 18.52 平方米，床位数 850 床，力争成为"健康中国"之"深圳样板"。方案以"轴线"和"平衡"的设计思路对建设用地进行了统筹规划和整体布局。三期建筑沿院区东西轴线两侧合理展开，向心环抱，生成建筑体量；同时，遵循城市空间、街区界面韵律，形成院区整体西高东低、北高南低的自然格局。设计秉承"心系自然，守护健康"的理念；各层设置室外绿化平台，打造不同人群的专属花园；通过室内灵动空间展现温馨舒适的人性化场所。

设计评述

总体设计具有创意，空间有亲和力，具有较高的识别度；呈现出有趣的医疗综合体设计手法，打破了医院建筑固有形象，有利于改变大众对医疗空间的认知；利用高差解决人车分流，较好地组织院内交通；底层多处架空空间向城市开放，解决用地紧张问题；诊疗空间高效且一体化，创造实用的室内和动线空间；立面造型运用绿色建筑技术，将形态处理得自然灵活；外立面考虑了绿色设计与可持续性要求，形态和露台绿化处理较好；与一期工程的多层连接经过了深思熟虑。

主要设计人 • 南在国　王硕志　崔建刚　刘思思　李　颖
　　　　　　周　丹　杨晓亮

鸟瞰效果图

总平面图

东北立面人视效果图

主入口透视效果图

夜景鸟瞰效果图

北京铁科院文化宫改造

二等奖 • 公共建筑／一般项目
• 独立设计／中选投标方案

项目地点 • 北京市海淀区
方案完成／交付时间 • 2021 年 1 月 27 日

设计特点

项目位于北京市海淀区西直门外大柳树路 2 号铁科院办公区东南角，东临铁科院家属区，南邻京张铁路遗址。原有文化宫经综合分析论证需拆除重建。新文化宫地上面积 0.26 万平方米，地下面积 2.74 万平方米；地上主要功能为多功能厅及体育馆，地下主要功能为职工餐厅和停车场。

方案充分尊重院区现有的以中央景观带及中心实验楼为中心的东西向核心轴线，延续轴线尽端界面完整性；东侧室外活动场地向家属区打开，将边界空间转化为活力共享空间；在建筑布局、色彩、形态构成等三个方面与现有院区布局形成空间同构。

在北侧界面引入一条通向二层室外观景平台的漫步阶梯，使行为模式介入建筑形态构成，既作为院区中央核心景观带的垂直延伸，又成为建筑自身开放形态的一种宣誓，将惯常的宏伟叙事转向观者本身；建筑西侧介于半虚半实之间的光影门廊，成为联系院区内部与南侧京张铁路遗址的纽带；东侧活动场地引入景观廊架、室外展墙、多功能室外小剧场等可介入性空间，与体育活动场地形成"内与外"和"看与被看"的关系，为行为模式的多样性提供了契机。

建筑功能配置充分以院区职工及家属区的需求为出发点，以集中及最大化利用为原则，力求在有限的空间里提供尽可能多的室外、室内公共活动及使用空间，打造智慧、便捷、多元、高效的公共空间使用模式。

设计评述

本设计属于"大师做小品"的创作，充分尊重科研院区布局特征，在院区主轴线的环境下设计了这栋文化建筑，塑造了院区的秩序——拾阶而上的建筑造型符合文化建筑的公共形象；建筑内部空间简洁，设置了带有高窗的运动场、满足声光要求的多功能厅以及基本的餐饮和停车需求——为使用者提供了良好的文化活动氛围，是一座难得的"小而精"的佳作。

主要设计人 • 叶依谦　刘卫纲　薛　军　龚明杰　刘二爽

西北人视图

总平面图　　　入口通廊看向铁路公园模型效果

漫游路径与景观视线分析　　　行为活动空间分析

东南鸟瞰图

泸沽湖英迪格度假酒店

二等奖 • 公共建筑／一般项目　　项目地点 • 云南省丽江市宁蒗县泸沽湖
• 合作设计／中选投标方案　　方案完成／交付时间 • 2020 年 11 月 10 日

设计特点

项目位于云南省泸沽湖西北侧永宁镇竹地村，规划总用地面积 4.31 公顷，总建筑面积 2.16 万平方米（包含已经建成的样板区 3500 平方米），建筑檐口限高 10 米。如何合理地协调样板区与新建区域的功能使之成为一个高效的整体是本次设计的难点；同时，较高容积率与较低的建筑密度也对度假酒店的整体布局提出了挑战。

总体规划以场地中央的湿地水景景观为核心，统领整个场地空间。用遮风避雨的连廊及室内空间、生机盎然的景观微地形、高低起伏错落有致的院落以及丰富有趣引人探索的公共空间体系，呼应"高原，湿地，半山，度假"的自然主题；同时，以现代设计语言传承摩梭传统文化中的空间结构、材料色彩以及文化细部。

大堂及相关公共区结合园区场地主入口集中于场地南侧；西侧靠近城市道路，考虑其噪声干扰，设置了酒店的后勤及机房区。客房区位于场地东北角，由三个错落有致的组团组成；每个组团单体均为 2～3 层，结合场地形状及景观价值，采用错落围合式布局，形成饶有趣味的客房内外空间并争取外部景观。

设计充分考虑了不同朝向客房对采光、景观及节能的需求；客房区出挑的坡屋面形成了自遮阳体系；公共区域尽可能争取重要景观面；通过局部玻璃幕墙结合屋顶天光为室内提供了充分的自然照明。

设计评述

项目位于泸沽湖畔，格姆女神山脚下，自然景观资源丰富。酒店整体设计分区合理，功能组织高效，轴线关系明确，有效利用了场地条件及自然资源，同时对传统摩梭文化进行了回应。宴会厅有效利用了原建筑群的后勤及厨房功能区，合理统筹了新老建筑关系，形成了统一的整体。

客房区借鉴摩梭传统聚落式布局，并在传统建筑基础上使空间功能多样化。材质与色彩借鉴摩梭传统建筑的装饰风格，以自然木色与夯土为主，使用摩梭传统纹样进行点缀。建筑群屋面为摩梭传统悬山与歇山屋面的结合，形成高低错落的天际线与群山呼应。在保证项目节能及造价的前提下，通过材料组合及细部设计保证了整体效果。

主要设计人 • 徐聪艺　张　耕　刘志鹏　张　翀　王笑竹
　　　　　　张　伟　庞海静　徐浩然　马昕明　李程成

鸟瞰效果图

总平面图

大堂吧二层北望格姆女神山

大堂吧东侧人视图

客房内院人视图

大堂吧北侧人视图

合空间

二等奖 • 公共建筑／一般项目　　项目地点 • 广东省佛山市顺德区
　　　• 独立设计／中选投标方案　　方案完成／交付时间 • 2021 年 7 月 19 日

设计特点

项目位于广东顺德美的总部区域。空间次序自下而上排列，为开放、半开放、私密；使用功能划分为展厅、交流和聚会。首层为开放展厅、咖啡厅（室内和室外）、服务空间；二层为洽谈空间、会议室、报告厅、服务空间；三层为贵宾接待区、贵宾餐厅、厨房、酒窖、服务空间。

用简单的几何图形构成立面的分格；用有次序的连续玻璃幕墙和白色实体墙面，形成虚实对比明确的通透空间、灰空间、围合空间等外部印象。内部无柱空间的塑造、标志性的中庭，经水面折射传递至首层的自然光……这一切形成自然而动态的韵律。

设计评述

极简的体块构成、硬朗的线条、明确的虚实对比、简洁的材质及内凹陷的第五立面组成了合空间。为确保实施的完整效果，设计需在景观与出地面构筑物的空间结合、二层会议区的空间组织及交通流线、建筑立面材料、节能等方面，加以进一步细化研究。

主要设计人 • 邵韦平　刘　军　王　鹏　杨　坤　甄　栋
　　　　　　吕　娟　于　莎　牟　丹　李晓旭　李笑雨
　　　　　　冀掌城　陈嘉宝　李　强

鸟瞰效果图

日景鸟瞰效果图

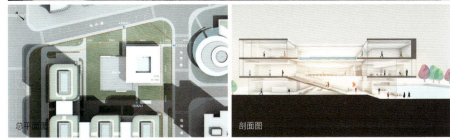
总平面图　　剖面图

过程鸟瞰效果图

中国人民大学通州新校区东区学生宿舍一期及中心食堂

二等奖 • 公共建筑／一般项目　　项目地点 • 北京市通州区
• 独立设计／中选投标方案　　方案完成／交付时间 • 2021年4月16日

设计特点

项目位于北京城市副中心的中国人民大学通州校区内，紧邻校园核心功能区，与校园核心建筑隔湖相望；总用地4.24公顷，总建筑面积8.15万平方米，建筑高度24米。

学生宿舍采用围合式布局，内部围合成78米×75米的合院空间，为学生活动提供了宽敞的场地空间。围合的建筑在首层四个方向都设有架空通道，与周边的环境相互联通。方案重点研究了宿舍基本单元的平面功能设置，为每户设置了独立的卫生间和阳台晾晒区；功能的设置充分考虑学生的生活使用要求。底层插入自习室、咖啡厅、书吧等配套服务空间，完善了宿舍功能，丰富了学习生活质量。

中心食堂位于宿舍楼北侧，用地形状不规整。设计将形体拆分为南北两部分以柔化建筑边界；在二层设置与西侧学生事务中心联系的跨街连桥，为不同区位的人们接触提供了便利。

设计评述

项目用地紧邻校园核心功能区，与图书馆等校园核心建筑隔湖相望。建筑从色彩、功能布局、交通流线组织、立面造型等方面与校园整体规划理念相契合，尤其重点打造了整体形象。

东区宿舍一期布局尊重校园院落式布局母题，将宿舍功能围合成"口"字形合院，形成最大化的组团内部空间，为在校学生提供良好生活场所。宿舍内部功能以人为本，充分考虑学生的使用需求，满足当代学生的生活条件。

中心食堂位于学生宿舍的北侧，紧邻校园规划道路与市政道路的交汇处，便于服务周边。食堂的建筑造型生动活泼，体现了高校的活力。食堂与西侧学部之间采用二层的步行连桥连通，为学部与食堂之间提供了安全跨越市政道路的交通方式，增强了学校的整体性和归属感。

主要设计人 • 叶依谦　刘卫纲　段 伟　高雁方　刘二爽
　　　　　　 严格格　刘 智　郝 岩　石 华　杨 帆
　　　　　　 张琳梓　白 鸽　吴越飞　闫景月　金雪丽

西南方向鸟瞰图

食堂西侧人视图

食堂东北方向人视图

宿舍南侧人视图

宿舍庭院人视图

斗门区综合养老服务中心

二等奖 • 公共建筑／一般项目　　项目地点 • 广东省珠海市斗门区
　　　　• 独立设计／中选投标方案　　方案完成／交付时间 • 2021年2月23日

设计特点

项目位于广东省珠海市斗门区白蕉镇白蕉大道东侧，东北面为自然山体，规划用地面积1.75公顷，总建筑面积5.72万平方米，含福利养老床位350床。结合场地绝佳的自然环境及老年人对养老建筑的心理、生理需求，方案以"田园牧歌，生态养老"为设计主题，将田园风光和山水景观纳入设计之中，使建筑与自然相融、人与自然相融。

建筑采用"N"型布局，使养老生活用房面向山体充分展开，最大化地利用山体景观。在面向山体一侧，建筑采用退台的方式，使每一层都拥有一个室外观景平台。景观平台上拥有看山的绝佳视野，平台上的花草植物为老人们亲手栽种，颇有"采菊东篱下，悠然见南山"的诗情画意。建筑的首层、二层与三层为公共服务功能，包括医疗护理、公共休闲以及膳食服务等功能。在建筑中部设置了双层的中央公共活动街区，采用开放式的布局，连接入口大堂和生活区。

建筑的转折处及端部设有公共交通核。设计结合垂直交通打造公共客厅和立体花园，形成跨层的公共活动空间——这里将成为人们社交活动和休闲娱乐的重要场所；同时，高大的落地玻璃将山景纳入建筑之中，使人仿佛置身于自然之间。

设计评述

设计充分回应场地周边环境，建筑形体富有特色，"N"型布局有效解决了高容积率与日照需求带来的难题，也提供了大量具有良好景观朝向的居住单元；采用退台形成面向山体景观的活动露台和空中花园，在有限的场地内提供了较为充足的户外活动空间；公共活动空间布置在交通核与景观较好的位置；利用通高与错层的设计方式打造出舒适的公共活动场所。

主要设计人 • 黄皓山　杨晓波　林哲　陈寅　温杭达

低点透视效果图

总平面图

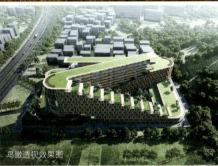

鸟瞰透视效果图

退台庭院透视图

低点透视效果图

共享长廊透视图

雄安中交克拉大厦

二等奖 • 公共建筑／一般项目　　项目地点 • 河北省雄安新区
• 独立设计／中选投标方案　　方案完成／交付时间 • 2021年6月2日

设计特点

项目规划总用地面积1.61公顷，总建筑面积5.04万平方米，主要功能为办公、展示中心、住宅以及配套商业；建成后，作为园区招商引资、产业导入、展陈宣传等活动的场地，为各类客户提供全方位的服务。

地块内部左侧展示中心通过两栋建筑形成的室外中庭，与右侧住宅及配套商业围合形成下沉庭院，打造东西互通的景观轴线。通过将南侧外部景观与内部景观设计相结合，打造水绿渗透的景观格局。公建部分按照绿色建筑三星级标准进行设计，住宅部分按照绿色建筑二星级标准进行设计，并通过智能化手段，打造低碳、节能的建筑。

展示中心整体方案以"钻石"为原型，通过合理的切割，打造虚实结合的空间，并营造出晶莹剔透的效果。建筑外立面敷设光伏薄膜，结合直流供电技术，打造绿色低碳的智能综合体。夜间通过泛光投影和光电玻璃，成为良好的展示窗口，打造宜人的城市夜景。片区重点部分的建筑屋顶采用光伏直流发电等先进智能方式，形成缩微版"中交未来科创城"。

设计评述

项目由办公和展览空间组成，北侧为办公区，南侧为展示区，通过连廊将两栋建筑连接，沿承运路打造连续的城市界面。整体建筑为片区提供了良好的展示窗口，打造宜人的城市夜景，进一步聚集人气激发城市活力。下一步可继续优化建筑的内部功能空间，更好地展现建筑品质，彰显区域重点本色。

主要设计人 • 吴　晨　段昌莉　李　鑫　曾　铎　伍　辉
　　　　　　乔晓雪　肖　静　佟　磊　丁　霓　魏梦冉
　　　　　　杨海蛟　陈文刚　王　斌　赵　宁　李　晖

西南鸟瞰图

西北人视图

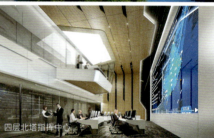
四层北塔指挥中心

总平面图

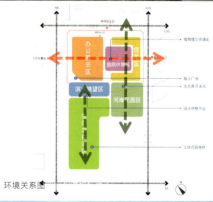
环境关系图

西向夜景人视图东南人视图

合肥滨湖新区国际会展中心

二等奖 • 公共建筑／一般项目　　项目地点 • 安徽省合肥市包河区
• 独立设计／中选投标方案　　方案完成／交付时间 • 2020 年 7 月 13 日

设计特点

项目坐落于合肥滨湖新区中央公园的西南角，完整的棋盘格局延续了城市的肌理，化零为整的策略让整个群落脱颖而出。棋盘格局与城市道路接驳，形成区域交通；同时，从锦绣湖看城市新区，项目所处地块是漫长城市界面的节点，在起伏的城市天际线中占据重要位置。

安徽的千年文化，寄于淋漓的"水墨"之中，寓于写意的"黑白"之中。基于安徽文化的"黑白水墨"整合，让设计脱颖而出。项目以棋盘格局营造空间，其中有山有水、有街有巷、有殿有园有天地。将"水墨"图底的写意灵动，纳入纵横有序的棋盘之中，犹如天成，自有一番气韵。通过对基地的分析，108 米见方的棋盘网格将不规则的用地统领起来，自然分隔出 25 个城市庭园。

设计评述

规划上的棋盘格局布置，很好地与城市道路接驳，形成闭环的区域交通，同时避免了斜街等不规则设计；建筑造型具有标志性与冲击力，塑造了区域节点；功能布局合理，酒店功能的集中竖向设置具有创新性。

鉴于办公区域为甲方增值资产，中标后设计团队没有止步不前，而是通过与业主沟通，进一步提升了设计，值得肯定。后续设计可进一步优化结构合理性，细化会议中心大跨设计；持续跟进酒店区域深化设计，满足四星级与五星级酒店需求。

主要设计人 • 王　戈　盛　辉　林　琳　左　忱　张　菡
　　　　　　张凤伟　王莹莹　齐立轩　王紫仪　闫　钊
　　　　　　侯炜昌　杨　威　李强强　郭　瑞　陈　婧

鸟瞰效果图

主入口效果图

庭院效果图

南侧人视效果图

重庆市第八中学新校区

二等奖 • 公共建筑/一般项目　　项目地点 • 重庆市两江新区
　　　 • 独立设计/中选投标方案　方案完成/交付时间 • 2021年8月2日

设计特点

项目位于重庆市两江新区湖云街东侧，附近路网密集，交通较为便利；建设用地面积9.07公顷，总建筑面积1.26万平方米；由60班高中部教学楼、30班初中部教学楼及素质楼、礼堂、体育馆、游泳馆、宿舍楼、食堂等组成。

方案采用"未来书院"的设计理念，引入国际化综合体式校园建筑布局策略，具有高效性、复合性、弹性的空间特点。学校整体规划因地就势，利用场地内现有地形高差，由西向东逐级升高，通过西侧的斜坡式景观前广场将人流引入建筑主体，再由建筑主体的大台阶拾级而上，到达东侧的运动场地。功能上，由南至北依次是宿舍楼、食堂、高中部教学楼、礼堂、体育馆、行政楼、图书馆、素质楼及初中部教学楼，所有教学功能通过中轴线的贯通连廊连接。设计采用当代国际化的建筑设计语言，以白色为主色调，辅以适当的色彩，整体风格简洁大气；注重建筑空间变革，创建多样的公共空间。

设计评述

校园兼有空间的复杂性与历史的延续性，可将其理解为微型城市。设计利用场地高差变化较大的特点，营造出许多类似于城市空间的场所：广场、庭院、台阶等。这些多样化的场所给学生们提供了不同尺度的活动角落和有趣的体验空间。整体造型比例适度、外观明快、线条简洁，空间结构合理，体现简约和实用精神，符合中学生青春活泼的个性。设计理念新颖、构思独到，并与周边建筑及地貌环境和谐共生。

主要设计人 • 王小工　王英童　李轶凡　张月华　李　静
　　　　　　栗思敏　康　丽　赵陈勇　盛诚磊　杨秉宏
　　　　　　孙骏杰

日景鸟瞰图

西立面透视图

绿色建筑分析图

夜景鸟瞰图

BIAD 之眼

二等奖 • 公共建筑／一般项目
• 独立设计／中选投标方案

项目地点 • 北京市西城区
方案完成／交付时间 • 2021年4月26日

设计特点

设计采用"思想魔方"的设计理念：传统平面自由重构，传统墙面逐渐模糊消失，地下空间从此沐浴阳光，全息媒体表皮随时传递情感，摆脱重力的形体使建筑拥有第六立面，连续的景观、轻盈的建筑让环境与空间充满活力。

"思想魔方"构成逻辑：外层表皮——淡釉面玻璃表皮，防雨、防尘，也是节能幕墙组成部分；媒体表皮——间距50毫米的LED矩阵像素点布置在内层表皮外侧；内层表皮——取意大脑回纹的白色釉面超白玻璃，兼顾采光与遮阳；钢结构层——格构式型钢骨架编织成完整、轻盈、通透的结构体系；楼板楼梯——通透的楼梯高效连接、共享各层，也是通风和采光空间；空间形态——全空气净化的太空舱机电系统可以建在另一颗星球上；二层平面——公司的高管、财务、董事会所在地，各空间开合自如；首层平面——自由而富有创意的共享办公格局，使员工饱含工作热情；地下夹层——既是交通与阳光的通道，也是建筑体悬浮的结构支撑；地下一层——沐浴着阳光的创意、展示空间，也有机电和储藏用房。

设计评述

方案有较高的创新性，能够呼应本项目"BIAD之眼"作为北京建院的标志性建筑物，面对公众，面向未来，实现数字设计与建造、实现智慧与绿色的愿景。通盘考虑周边建筑与场地的整合设计，为未来多元的使用功能提供了可能性。建筑空间、幕墙、结构一体化，功能清晰，流线明确。

主要设计人 • 马 泷 吴 懿 丛 晓 金 戈 王 斌

效果图

鸟瞰图

分解图

夜景透视图　剖面图

中国人民大学通州新校区行政服务中心楼群

二等奖 · 公共建筑／一般项目
· 合作设计／非投标方案

项目地点 · 北京市通州区
方案完成／交付时间 · 2020年10月11日

设计特点

项目位于中国人民大学通州新校区主入口东侧，紧邻南北学术轴，用地面积4.84公顷，总建筑面积4.7万平方米；包含行政服务中心、学术报告中心和音乐厅，并预留礼堂用地；秉承"为未来设计、为使用者设计、为人大设计"的设计理念。

项目属于上位规划，不同特色的区域各有不同的形象特征。通过公共平台形成整体，在未来实现完整的校园功能；为解决开放校园与封闭管理的矛盾，采用"街坊式布局"的规划策略；为应对地块东侧将建的8000座体育场疏散时对道路的巨大交通压力，利用屋顶平台和连桥解决瞬时大量人流的疏散问题；在行政服务中心、学术报告中心和文体组团设置针对不同人群的多义空间，增强空间兼容性。

以庄重、大气的设计回应"人大"传统，同时融入活力、开放、多元等时代特点；根据上位规划、整体定位、人大文脉、不同功能等特质，确定各建筑单体造型。一期将主要建筑临近南北学术轴和南侧城市道路布置，形成完整的校园前区和城市形象；东北侧预留出完整的用地，满足未来分期建设。

设计评述

在总体布局方面，设计从上位规划入手，兼顾开放校园的上位要求和特殊时期封闭管理的实际需要，提出"街坊式布局"的规划策略。以项目东侧将建的8000座体育场的疏散问题作为切入点，在办公区、会议区和文体区各设置一个院落，通过屋顶平台、连桥和景观台阶等元素，弱化了建筑与环境的边界，使建筑之间的室外空间成为人们平时交流、休闲的公共活动场地，并满足赛时、会时的集散需求。

主要设计人 · 胡　越　游亚鹏　陈　威　陈　寅　梁雪成
　　　　　　燕　钊　盛　辉　刘　佳　王莹莹

行政会议中心西南角透视图

东侧文体广场透视图

总平面图

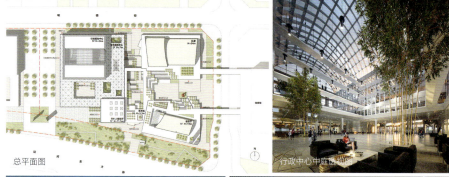
行政中心中庭透视图

音乐厅室外平台透视图　　音乐厅观众厅透视图

中冶（大兴）高新技术产业生产试验基地

二等奖 • 公共建筑／一般项目　　项目地点 • 北京市大兴区
• 独立设计／非投标方案　　方案完成／交付时间 • 2021年6月21日

设计特点

项目位于北京市大兴区芦求路以东、永旺路以南，总建设用地面积6.2公顷，总建筑面积6.3万平方米，建筑高度24米。内容为一期改造及二期设计，包含整体园区规划设计。场地现状存在园区无统一规划、中心绿化分散、停车场位置不合理、人车混行、建筑形象缺乏统一性等问题。设计旨在建立生产试验基地富有理性的秩序感，同时满足"内外"两种人员不同需求的空间环境。

建筑周边式布置，围合出大尺度的中心庭院，形成中心交流和休憩空间。北侧及西侧为城市道路，是主要形象展示面。建筑形体完整连续布置，充分利用南侧面积，形成南北轴线对称的内部形象。东侧为园区出入口，充分打开。将三个长条形体量依据功能布置进行打断，视觉上将内院、内街及城市景观相联系，相互渗透。西侧的三个板楼通过空中连廊连接，形成多样化的空间形态。在二层设置休息平台，连接各楼，形成首层、二层连续的景观系统，提供广泛的公共交流空间。平台下为首层风雨廊，提供遮风避雨的场所。中间段建筑，二、三层体量逐层后退，形成跌落的空中绿化平台。建筑体量虚实交错布置，形成小尺度亲人的建筑形象。设置地面庭院、空中平台、屋顶花园，并通过垂直交通予以连接，形成立体多尺度层级的公共空间。重新规划车行路线，在园区出入口两侧设置集中停车场，并在外侧环路沿线分散设置路边停车位，保证内院的安静环境。

设计评述

项目是在原有一期基础上进行的整体园区改造及扩建。方案较好地规划了整体的格局，以南北中轴对称、中心大尺度庭院的规划骨架，形成大气舒展的园区布置；并对实验厂房、办公配套等进行了合理明确的功能分区，使其既相对独立、互不干扰又可边界联系。实验厂房及各种配套实验室布局紧凑合理，满足当前和未来发展的弹性需求。交通组织规划合理，做到人车分流。景观系统从首层至顶层均重新系统规划。建筑风格统一协调，使整个园区具有统一完整的建筑形象。

主要设计人 • 边　宇　吴立磊　武世欣　赵　旭　纪梓萌

鸟瞰效果图

西侧人视图

北侧人视图

南侧人视图

内院东侧人视图

内院人视图

沈阳爱悦婚礼堂

二等奖 · 公共建筑／一般项目　　项目地点 · 辽宁省沈阳市苏家屯区
· 独立设计／非投标方案　　方案完成／交付时间 · 2021年6月15日

设计特点

项目位于辽宁省沈阳市苏家屯区，为婚礼礼堂建筑，包含宴会厅、咖啡厅、包间、室外拍摄场地、花园等，地下1层、地上4层。设计提取婚纱的花筒状褶皱纹理为立面造型元素，以半透穿孔板为主要材料，塑造轻柔飘逸、时尚浪漫的建筑形象；将婚礼拱门元素作为建筑入口的造型母题，赋予浪漫和情调，体现礼仪性与纪念性。布置200～1000人宴会厅及后勤用房间；屋顶设置空中花园，以云和花的形态提炼"云间咖啡屋"的造型，以应景"云想衣裳花想容"的意境；在起伏的地势中，打造观景步道，结合洁白的建筑，如同置身云端，打造网红拍照地。

设计评述

方案从功能及婚礼的理念出发，对建筑布局、功能分区、空间景观、立面造型等进行多维度、多层次的梳理。建筑整体风格干净整洁，与婚礼形象协调契合，并通过对建筑南侧主入口的重点塑造及周边景观的刻画，提升了沿街形象和环境品质。功能包括宴会厅、配套用房、拍摄场地等，布局合理紧凑，满足当前使用和未来发展的弹性需求。打造"云端咖啡厅"亮点，满足吸引客流、带动消费的诉求。

主要设计人 · 武世欣　边　宇　吴立磊　纪梓萌　赵　旭

东南效果图

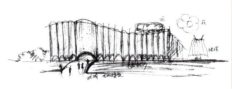
设计草图

总平面图

南侧人视图

入口细节图

立面效果图

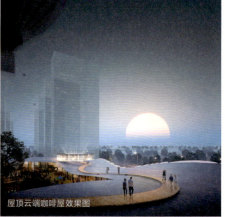
屋顶云端咖啡屋效果图

辛集四馆一中心

二等奖 • 公共建筑／重要项目　　项目地点 • 河北省辛集市
• 独立设计／未中选投标方案　　方案完成／交付时间 • 2020 年 8 月 18 日

设计特点

项目位于河北省辛集市，地理位置优越，用地面积 12.49 公顷，总建筑面积 7.2 万平方米。澳森大道为此方案的主要展示面。方案以大剧院为中心，两侧布置其他四馆。在体块上化零为整，节约用地。东西轴线上形成绿地走廊。力图创造一个标志性的文化艺术中心、多元化的场馆。多元化的场所设计使得它支持各场馆举办相关特色活动。四个场馆围绕中心，环通四馆，形成公众性文化艺术长廊，化建筑为微型城市。

中心屋顶为曲面，覆盖下部空间。屋顶四角局部掀起，引入自然；中部为重檐形制，典雅尊崇。屋顶色调为浅白色，下部为大面积的玻璃。使得整个建筑看起来大方包容，北侧广场的水景也给整体建筑增加了趣味性。交通设计为人车分流，高效安全。每个场馆都有自己的入口，共计 4 个停车场入口。保证交通流线顺畅。

设计评述

项目设计清晰合理，体现了新时代文化建筑应有的风貌和特征。方案以功能为出发点，以多馆合建的方式集约利用土地，简化外部交通流线，提升城市空间品质，并较好地解决了多馆合建带来的内部功能分区、交通流线等挑战。建筑造型以辛集特有皮革和纸艺文化为灵感，形式轻盈，具有较好的艺术和美学气质。

主要设计人 • 金卫钧　回炜炜　倪琛　孙宝亮　黄思维
　　　　　　吕健超　张伟　谭红阳　陆远方　李嘉禾
　　　　　　张雅楠

鸟瞰图

主立面效果图

西北人视图

剖面图　　内庭院　　室内效果图

梨园美术馆

二等奖 • 公共建筑／重要项目
• 独立设计／未中选投标方案

项目地点 • 北京市通州区
方案完成／交付时间 • 2020 年 8 月 21 日

设计特点

项目位于北京通州区梨园文化公园，周边规划雕塑展陈区，满足欣赏、展演、互动、体验等功能，提升公园整体文化内涵，形成辐射周边、面向城市副中心的综合性城市公园。

方案以"大象无形"作为设计的基本意象，体现韩美林的书画艺术精神。美术馆建筑生长并消隐于场地，与周围环境融为一体。建筑首层主要功能为大型综合展厅和临展厅，邻出入口设文创厅和游客中心，水平公共流线围绕庭院。展厅层高 6～12 米，灵活适应展品空间需求。地下一层围绕下沉庭院布置，沿西北、东北设采光井，形成很好的自然通风采光条件和公众界面，主要布置综合展厅、报告厅、公共教育区和创作展示区。两个楼层通过环庭院坡道和访客电梯竖向连通。美术馆与韩美林艺术馆通过下沉庭院、首层中央广场和空中连廊实现全方位联系。

设计评述

方案准确回应周边环境条件，临近城市干道构建清晰城市界面，与公园环境衔接柔和自然。建筑基本体量生长并消隐于场地，充分利用自然生态条件。建筑布局强调与一期（艺术馆）的关系，园区主入口调整至美术馆与艺术馆之间，合理分流参观与车行流线。通过下沉庭院、中央广场及空中连廊实现与艺术馆的全方位迅捷联系。

项目对展览空间进行个性塑造，利用三角面坡起提供更佳的使用层高，功能、流线灵活。地下一层围绕下沉庭院形成绝佳的自然通风采光和公众界面。设计不拘泥于器物层面的自身构建，而重视空间整体环境的意向表达，"境生于象外"，在建筑艺术中体现韩美林的书画艺术精神。

主要设计人 • 邵韦平　李淦　王宇喆　李家琪　李培先子
　　　　　　李强

鸟瞰效果图

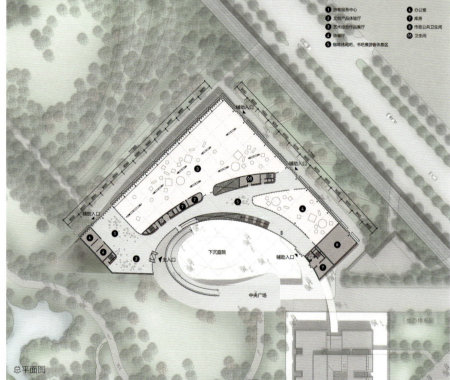

总平面图

夜景效果图

山西转型综合改革示范区会展中心

二等奖 • 公共建筑／一般项目　　项目地点 • 山西省太原市
　• 独立设计／未中选投标方案　　方案完成／交付时间 • 2020 年 10 月 14 日

设计特点

项目位于太原市潇河产业园区，由展览中心、会议中心及配套酒店等功能组成，其中展览中心分两期建设。规划考虑了与城市空间轴线及潇河景观的联系，打造多层次观景空间，使生态景观和活动场地相互交织、融汇，创造丰富的滨水开放空间。

采用"四方院汇"的城市设计概念，布局由经典建筑形式提炼，使用现代感较强的非线性手法演绎，形成形式感突出的整体造型。运用"现代演绎"的建筑设计概念：屋面立体天窗由瓦片语汇转译，变化的天窗起翘高度形成柔和又具动势的屋面形式，结合幕墙立面、扭转连廊，塑造颇具现代感的全新会展中心。

设计评述

设计在场地规划上充分分析了会展期间人流、车流、货流的组织，做到了各自独立，互不干扰。功能组织分区明确，方便各自独立运营，同时便于相互联系。造型符合地域文化特色，山西特色文化元素和现代设计兼容并蓄。

主要设计人 • 郭鲲　布超　刘琛　金依润　李舒静
　　　　　　　许任飞　康润琪　魏成蹊　蒋辰希

鸟瞰效果图

真武路东侧鸟瞰效果图

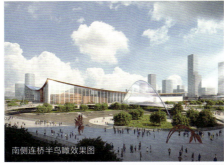

南侧连桥半鸟瞰效果图

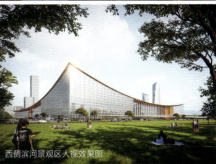

西侧滨河景观区人视效果图

潇河西岸人视效果图

中国农业大学体艺中心

二等奖 • 公共建筑／一般项目　　项目地点 • 北京市海淀区
• 独立设计／未中选投标方案　　方案完成／交付时间 • 2020 年 7 月 20 日

设计特点

项目位于中国农业大学西校区，处于教学区、宿舍区、科研区交汇的重要节点，占地 2.23 公顷，总建筑面积 3 万平方米，包含体育中心、艺术中心、创新创业中心及配套机房和人防工程（兼作汽车库）。中心以地下建筑为主，地上面积 3188 平方米，最高点 12 米。

方案以"大地春苗"为设计意向，隐喻农大校园文脉传承；用连续而具有动感的螺旋波浪状起伏屋面与景观、地下庭院结合，塑造场景层次丰富的新型建筑空间；通过地面活动场地和下沉庭院弱化建筑形态，以镶嵌在校园里的多功能"场所"为主要理念。

体艺中心大部分功能位于地下空间，包括球类场馆、游泳馆、体育功能的小空间用房、艺术中心的功能房间。这些功能的组织、流线安排以及与校园环境的融合是项目的主要难点。方案将创新创业中心、地下建筑入口门厅、疏散和人防出入口和场地东侧的看台设置于地上；考虑到采光通风及疏散，在场地中心设计了一个圆形下沉广场。通过广场铺装与景观设计，引导师生通过中心庭院的螺旋台阶进入负 10 米标高的下沉广场。地下空间既有传统的也有新兴的运动类型，鼓励师生积极参与。

设计评述

项目定位挖掘农大校园文脉，结合体育、教育之精神，具有"朴实胸怀"和"远大气魄"相结合的新时代大学建筑特点。设计从建设条件、大学特点、服务对象出发，将创新思维与使用功能有机融合，结合时代特点融入数字科技，打破传统地下建筑空间识别性和导向性不良的缺点，创造性地实现单一功能和复合功能的有机结合。

主要设计人 • 王建海　林小莉　马新程　杨晓超　张嘉晨　高禄沛
　　　　　李晶晶　郭宏哲　邓志伟　陈晓民　孟可

鸟瞰效果图

入口广场效果图

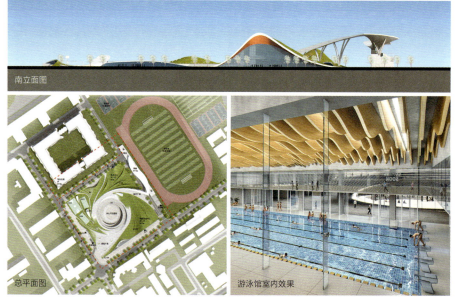

南立面图

总平面图　　游泳馆室内效果

南京禄口国际机场 T3 航站楼

二等奖 • 公共建筑／重要项目　　项目地点 • 江苏省南京市江宁区
• 合作设计／未中选投标方案　　方案完成／交付时间 • 2021 年 5 月 17 日

设计特点

方案致力以紧凑有序的场区规划、灵活高效的航站功能、融会一体的综合枢纽、特色鲜明的标志建筑，展现南京的文化底蕴和时代风貌。建筑主体形象体现"凤栖梧桐树"的美好寓意。航站楼构型采用"三向主楼、四分指廊、五大端头"的方案，充分利用土地资源，形成了空陆用地平衡、兼具秩序感与灵动性的总体风貌，共可提供 80～90 个近机位。

三层的航站楼屋顶由三片菱形拱壳组成，三向排列的屋面板和均布的天沟及天窗编织出精致的纹理，如一叶梧桐，又如凤凰羽翼，漂浮在蜿蜒的指廊之上。三层主要功能是值机，设置大厅及国际联检现场；二层分设三处国内安检现场及国内候机混流区；一层到港层为国际旅客入境联检及国际行李厅。

设计评述

南京禄口机场三期方案，构型紧凑高效，"三向主楼、四个港湾、五条指廊"的构型形成了集中高效的航站主楼，提供充足连续的停机岸线，形成了滑行顺畅、运行便利的空侧布局。陆侧利用有限的场地，采用竖向开发的策略，形成了高效的换乘流线。空陆侧无缝衔接，打造"空陆一体""空铁一体"化运行枢纽。建筑造型舒展有力，"凤栖梧桐"的概念契合南京历史文脉，又充满了时代的寓意。

主要设计人 • 王晓群　高旋　门小牛　郗晓阳　梁田
　　　　　　朱仁杰　丁小涵　闫振强　王世博

西南方向鸟瞰图

总平面图

指廊透视图

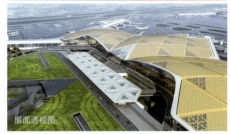
屋面透视图

车道边人视图

陆侧透视图

商业透视图

值机大厅

多彩贵州艺术中心

二等奖 • 公共建筑／一般项目　　项目地点 • 贵州省贵阳市观山湖区
• 独立设计／未中选投标方案　　方案完成／交付时间 • 2020年6月20日

设计特点

项目位于贵州省贵阳市观山湖区林城东路以南，东侧毗邻贵阳市城乡规划展览馆，南至贵阳中天凯悦酒店，西邻观山湖公园。艺术中心包含1600座歌剧厅、1000座音乐厅、500座小剧场，及地下停车场、人防工程、地面广场等相关配套设施和设备。设计将剧院屋顶处理成开阔的空中平台，通过步道与西侧公园山体相连，把建筑借用的绿地以广场的形式还给城市公园。

设计造型源于贵州特色的少数民族舞蹈——随着舞裙的摆动，热烈激情的舞蹈形成优美动感的形态——建筑借鉴这种旋转舞步的动态，巧妙地把自然地形与建筑连接在一起，形成一座独特的"公园中的剧院"。

设计评述

方案采用低技术生态建筑的设计方法，注重地域气候，通过与建筑功能相结合，实现了低成本、因地制宜地创造理想的人工建筑环境，形成舒适的"微气候"，并得以实现生态节能的效果。剧院形象具有标志性，与生态环境衔接得当，具有城市公共性、开放性。

主要设计人 • 郭　鲲　许任飞　张　溥
　　　　　　高　玮　康润琪　李兆宇

北侧鸟瞰图

总平面图

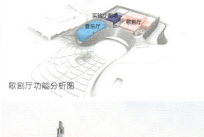
歌剧厅功能分析图

北侧主入口效果图

西侧半鸟瞰图

三星堆古蜀文化遗址博物馆

二等奖 • 公共建筑／一般项目　　项目地点 • 四川省广汉市
• 独立设计／未中选投标方案　　方案完成／交付时间 • 2021年3月10日

设计特点

方案灵感来源于三星堆出土的文物——神鸟望向苍穹的纵目。设计提取出文物上灵动的曲线和抽象的符号，运用堆叠、整合、转化的手法制作出现代而复合的表皮。在建筑表皮上模拟文物的肌理，赋予现代材质历史的沧桑感并表达了向先民的致敬。

展厅犹如一个个出土的重器，自西向东，破土而出。体量跃于水面之上，成为通向未来的桥梁。金面罩作为曾经光辉的象征，转译为建筑两端的精神空间。被岁月变迁扭曲的金杖，幻化为串联展厅的历史长廊。博物馆从山林湖泊中出世，展厅缝隙中生长出的植物又使建筑融于自然。

设计评述

三星堆博物馆新馆致力于建设成为世界级文化遗产中心，突出国际化、主题化、人性化、科技化，集中展示三星堆文明的辉煌灿烂，充分展现三星堆文明在中国乃至世界文明发展史中的独特魅力和重要地位。在博物馆墙面、吊顶的设计上，三星堆文化全面"复活"，使古老的文化以新的形式拥有了新的生命。

主要设计人 • 李亦农　孙耀磊　刘黛依　冯晓晨　周广鹤
　　　　　　刘　晗　潘牧宁

鸟瞰效果图

总平面图

入口局部效果效果图

屋顶问天效果图

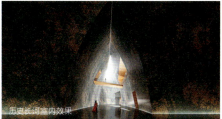

历史长河室内效果

门厅室内效果图

鸭子河夜景效果图

南京北站暨站城融合核心区

二等奖 • 公共建筑／重要项目　　项目地点 • 江苏省南京市江北新区中心城区
• 合作设计／投标结果未公布　　方案完成／交付时间 • 2021年6月23日

设计特点

项目位于南京市江北新区中心城区老山风景区，总用地105.9公顷，作为绿色生态战略的重要承担者，在发挥生态效应的同时，承担着相应的城市功能，将成为城市绿色新板块。

南京北站车站中心里程为DK412+405.000，为高架站场。车站总面积为27万平方米，站场总规模为16台30线（含正线）。设计统筹规划可以引导城市发展的配套便捷、站城融合的公共交通枢纽，按照"零距离"换乘要求，同站规划建设以铁路客站为内核、GTC综合交通中心为外核、衔接其他交通方式的综合交通体。精心策划具有"自身造血功能"的城市客厅及综合物业开发，打造服务质量与经济效益良性循环的"站城一体化"新模式。

设计评述

方案站城融合核心区设计内容，包括但不限于铁路客站、城市配套和商业开发空间。方案协调区范围内主要考虑在城市设计研究的基础上，对北站枢纽片区交通系统、生态景观系统、风貌控制、总体功能与空间布局等实现协同发展。旨在遵循生态原理，打造环境舒适、集约用地、节能环保的绿色客站，开创可复制的多方共赢模式。

主要设计人 • 焦　力　刘　淼　胡　杨　吴　昊　黄思维
　　　　　　陈嘉琦　周新超　孙一腾　王海舟　赵千瑶
　　　　　　李嘉禾

鸟瞰效果图

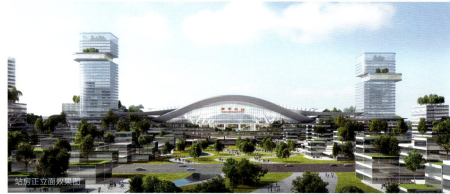
站房正立面效果图

垂轨剖透视图

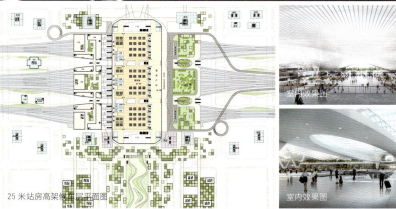
25米站房高架候车层平面图

室内效果图

室内效果图

台湖演艺小镇国际图书城提升改造

二等奖 • 公共建筑／重要项目　　项目地点 • 北京市通州区台湖镇
• 合作设计／投标结果未公布　　方案完成／交付时间 • 2021年6月7日

设计特点

项目位于北京市通州区台湖镇胡家垡村东，总占地面积24.1公顷。整体园区按照"小而美"原则，坚持低密度、小体量、窄马路、林荫化设计，采用"一轴两带多中心"的规划布局织补场地。星光步道作为中心景观轴，为户外核心空间，拉结南北两条活力带，联系场地内多中心广场。

项目包括现有建筑改造和新建两部分。现有建筑改造中"8"字楼定位为"演艺科技主题乐园"；B库承载开放的排练、博物、展馆等功能；创意楼承载北交办公及交流功能；新建部分主要为艺术中心及地下车库、登录厅、艺术别院等。

设计提取水平线条作为建筑造型的第一层次，强化原有建筑的设计逻辑，以"书籍"为切入点，用折叠遮阳构件将新老建筑融合统一，并对光影进行艺术化处理，寓意光影流离的演艺业态主题。朝向公共场所的部分，局部采用光电玻璃技术，营造赋予生命感的可变立面。立面采用穿孔铝板，通过不同图案、不同的穿孔率、不同位置的使用塑造"变化中求统一"的形象。

设计评述

项目是小镇近期发展区内首个启动的示范性演艺综合类建筑，欲通过功能织补和业态整合，打造集"创作、展览、消费一体化"的新型演艺综合区，创建"产学研商一体化"的产业链条。

整体园区采用"一轴、两带、多中心"的规划布局织补场地。设计了一条星光步道，作为中心景观轴，成为户外核心空间。A库北侧和地铁TOD模式形成西北角商业广场带和南侧岸线连续的城市空间带，由中轴串联，形成南北两条"活力带"，同时串通联系场地内"多中心"组团广场。设计手法上，提取水平线条作为建筑造型的第一层次，强化原有建筑的设计逻辑，强调流畅线条。

主要设计人 • 邵韦平　刘宇光　李　淦　盛　辉　王东亮
　　　　　　刘　佳　张红宇　王莹莹　张　睿　张凤伟
　　　　　　陈　述

东北鸟瞰效果图

B库效果图

北侧人视效果图

中轴鸟瞰效果图

南侧鸟瞰效果图

昆明滇池南湾

二等奖 • 公共建筑／一般项目　　项目地点 • 云南省昆明市
　　• 独立设计／投标结果未公布　　方案完成／交付时间 • 2021年4月20日

设计特点

项目位于滇池西南侧的彩云湾·中国企业家梦想小镇，距离中心城区23公里，由三个地块组成，其中，湖畔大学校区地块23.33公顷，建筑面积8万平方米；会议中心＋品牌酒店（五星级）＋剧场及企业家博物馆地块8.33公顷，建筑面积4.5万平方米；品牌酒店（四星级）3.33公顷，建筑面积2.5万平方米。

方案提出"滇畔之巅·云上之云"的设计愿景，以"云·山·水"为设计原型，顺应自然，从地形地貌中发现建筑，并用书院小镇来实现自然与人化自然的和谐相处；合理分析竖向高差，赋予场地传统画意，构成"因山就势、绿意生长、形似画意、恍惚有象、合理留白"的智慧园区形态。其中，大师书院及教授工作室组团，微缩山水，以合院打造幽静研修圣地；教研组团，因山就势、自然生长，成为湖畔大学核心教育模块；会展酒店组团，融合自然，消隐体量，和谐相处，合为一体。

设计评述

项目地理位置绝佳，与滇池生态圈关系紧密，兼具教学机构及文化旅游等多种属性。方案将关注点落脚在"人"的使用模式上，提出了"书院小镇"的设计理念，将园区诠释为以教学、会议、展会、参观等多种功能为核心的郊区小镇式聚落，将教育与运营很好地结合起来；同时，在"自然生息"的设计理念之下，着重在造型方面做出梳理和统一，最终实现风格统一、形态有机的建筑组群造型。

主要设计人 • 张宇　鲁晟　徐欣　李衡　吴昊
　　　　　　鲍荻萌　刘诗柔　刘雯婧　马志华

总平面图

酒店及会议中心鸟瞰图

书院·泽

书院·麓

夜景鸟瞰效果图

宋庄小堡艺术区（北区）详细城市设计

二等奖 • 城市规划与城市设计／一般项目
• 独立设计／非投标方案

项目地点 • 北京市通州区宋庄
方案完成／交付时间 • 2020 年 11 月 30 日

设计特点

项目位于北京市通州区宋庄，规划总用地面积 147.67 公顷；在梳理国际方案征集阶段三家方案共识的基础上进行详细设计。设计聚焦宋庄小堡艺术区北区，以问题、目标为导向，以街巷整治、环境提升、设施增补为重点，提出具有针对性的策略，并对重要节点开展深化设计，为小堡艺术区北区的渐进式有机更新提供路径。

宋庄小堡艺术区北区详细设计以"阡陌艺林·多元融合"为主题定位，延续现有艺术家集聚创作氛围，以"强化创作、社群生活、交往功能"为设计重点。设计采用三个更新策略：（1）功能修补——以腾退空间促进提档升级；（2）感知街巷——精细化提升街巷空间品质；（3）更新骨架——共享社群环，搭建更新框架，形成"一轴一环一核多点"的规划结构。通过这样的策略，以近期可更新项目为引擎，以街巷品质提升为重点，以共享社群环的构建为骨架，渐进式地引导小堡北区有机更新。

设计评述

方案对宋庄小堡艺术区北区的现状做了较为深入的研究，发现北区相关症结所在，继而以问题为导向，提出具有针对性且落地性很强的城市更新策略；建议在"城市微更新"方面及绿色、低碳方面给予进一步深入设计。

主要设计人 • 黄新兵　吴英时　吴　霜　石　华
　　　　　　谢安琪　曹敬轩　吴越飞　邹啸然

总平面图

北部门户青年艺术坊透视图

青年艺术坊内部透视图

公园+艺术工作室透视图

鸟瞰效果图

普陀区公共服务设施

二等奖 • 城市规划与城市设计／一般项目　　项目地点 • 上海市普陀区全区道路沿线
• 独立设计／未非投标方案　　方案完成／交付时间 • 2021年4月12日

设计特点

项目将重点落于开闭站、箱变等街道中小型设施，通过开闭站与"十全十美"的附属功能设施的结合，形成点亮街道空间、绿地公共空间的小微建筑景观。方案基于场地尺度及周边人群的密集程度，分为三种空间类型：A类空间——除开闭站本身功能外，需附加应急医疗、自动售卖等十项基本服务功能，以及公共厕所、百姓活动室等十项品质提升功能，形成"十全十美"的复合公共空间；B类及C类空间——用地及人群相对较少，对附加公共设施的需求也相对减少。

设计以"普陀之钻"为主题，通过对形体进行动态的划分，营造如钻石般的体块感，化整为零地融入环境中；借助智慧信息技术，形成与人的互动，提升场景感与趣味性；融合可持续的生产建造模式，采用产品化、模块化的生产制造方式，呼应绿色建造的主题；突显场域化设计，将各设计要素与景观空间统一考虑，形成整体全面的街道景观空间。

设计评述

围绕开闭站、箱变等配套设施展开的小微空间景观提升项目是提升街道品质与城市整体风貌的重要环节，是城市向更深层次发展、体现人文精神的重要举措。"普陀之钻"的概念很好地阐释了项目小微空间体量小、数量大的特点，通过点状的环境提升，"由点入面"地促进城市环境的逐步改善。

钻石的切面作为设计要素，融入各类设施的形态表达上，并很好地与设施功能相结合。产品化设计与模块化的建造方式也符合绿色生态的设计要求，智能化的功能配置适应未来智慧生活、活力社区的发展方向。各类设施与景观相结合，形成整体融合统一、充满活力的城市微小景观空间。

主要设计人 • 陈　莹　金国红　韩明阳　张闻朝　李　昂　靳煦婷

鸟瞰效果图

公共服务设施家族图谱

德阳数字小镇概念规划

二等奖 • 城市规划与城市设计／一般项目 • 独立设计／非投标方案

项目地点 • 四川省德阳市
方案完成／交付时间 • 2021年4月19日

设计特点

项目位于德阳市旌阳区东山片区，用地范围北起渭河路、南至东骏路，包括10个地块，总用地面积54.86万公顷。其中1~8号地块打造国内领先的数字产业园区，涉及八大数字经济产业。9~10号地块为居住地块，拟建设傍山多层居住小区，与产业地块共同融合成科技新城，为引进高端数字行业人才提供有力支持。基于"产、城、景、人"融合共生的理念、"科技+自然"共生的规划建设愿景，为德阳带来一座数字产业之城、科技智慧之城、低碳节能之城、人文自然之城。

设计提出"一城两轴，四核多芯"的规划结构。（1）整个数字产业园区以梧桐路为未来轴，由北往南代表着科技产业发展的建设时序；以景观形态和慢行步道形成山水轴，象征建筑和环境的自然融合。（2）两条南北向轴线互动交织，功能丰富的四个核心节点沿轴线均匀分布，每个节点将按不同规模和面积配比配置商业、商务、政务及科教功能；用地景观与周边山水景观无缝衔接，将原本较为分散的十个地块整合为有机生长的活力社区。

设计评述

项目是德阳市由三线重镇向数字产业试验区转型的核心项目。设计团队充分解读项目所在区域的上位规划及城市发展定位、分析项目所在区域的浅丘及河谷地貌、理解业主的开发策略及产业策划，提出了富有前瞻性及落地性的概念规划方案。除产业及居住功能之外，方案十分注重对新增城市节点的营造，且非常注重建筑组群与用地周边山水景观的融合共生；方案规划结构合理清晰，公共空间及街道空间收放有度，重要节点建筑物颇具未来科技感，同时整体建筑组群与山体仍能保有谦逊的对话关系。科技产业与高端居住的合理配置有利于项目所在新城区降低钟摆效应、促进职住平衡，最终实现"山水融城，宜居宜业"的科技新城。

主要设计人 • 鲁晟 李衡 徐欣 侯昊 张有为 鲍荻萌 刘雯婧

西南侧鸟瞰效果图

总平面图

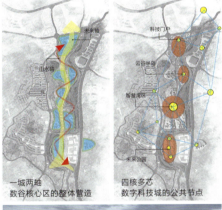
一城两轴 数谷核心区的整体营造　四核多芯 数字科技城的公共节点

智慧湾区效果图

云谷半岛效果图

谷街半鸟瞰

8号地远眺

西安昆明池区域城市设计及标志性建筑物

二等奖 • 城市规划与城市设计／一般项目
• 独立设计／未中选投标方案
项目地点 • 陕西省西安市西咸新区
方案完成／交付时间 • 2020年8月12日

设计特点

规划用地位于斗门水库（昆明池）区域西南主入口区，北接水口遗址，南至规划路，西邻沣河引水渠，东临长岛隔堤地形边界，总用地面积约30公顷，其中文化设施用地面积约6公顷。在规划格局上，形成"两轴一环"兼顾景观与功能的互动体系。"两轴"分别指用地西部汉韵阁景观中心轴和用地东侧西南主入口的汉风文化广场功能轴线；"一环"是指围绕汉韵阁所在山体及东侧文化产业用地形成的景观生态游览环。

用地内山体北坡平缓、自然，面对昆明池的辽阔水域，蜿蜒山路曲折盘旋；标志性建筑汉韵阁坐落在山体顶端偏南的位置，光影玲珑、紫气绕阁。背景中的秦岭山脉起伏、气势恢宏，"曲径向南山，明月照汉关"的核心意象在历史沧桑的宏大叙事中脱颖而出。汉韵阁的设计运用登阁的回转坡道，在每层顺势延展出两个视野宽广的阶梯式观景台，在观景建筑体验上进行了创新；每层90度旋转变换的空间节奏，使每一位游客在登阁远眺中都伴随着期待与惊喜。

设计评述

设计参照传统中国山水园林的格局定义新景观的环境格局，充分考虑斗门水库与周边山脉的轮廓、层次关系，对大空间尺度有较好的姿态。总体的功能布局完整、合理，对水环境的侵入性较少。标志性建筑物的尺度感适宜。

"阁"+"台"的设计，特别是"阁"，采用了较为现代化的方法，在传统的气韵基础上实现了新语汇的表达；对观众流线的组织比较合理，配套建筑语汇统一。方案思路清晰，手法成熟；风格明显，设计简洁、干净；设计有创意，造型与室内空间一致性强，又不失丰富。

主体标志性的"汉韵阁"在体量上与其他建筑的主次关系宜再推敲，更突出些；能够从历史、文化角度着手项目，但对生态体系、山水林田湖、水库功能性研究宜加强，增强逻辑性；造型宜在古韵基础上加强创新，底部的台略有沉闷感。

主要设计人 • 柴裴义　米俊仁　李　玎　李　亮　黎　源　张惠华
　　　　　　杨　晶　牟　怡　聂向东　李大鹏　张园园　王　玥
　　　　　　崔巨宏　张　俐

西南鸟瞰效果图

东北人视效果图

汉韵阁观景平台效果图

汉韵阁观景平台效果图

汉韵阁室内效果图

东南鸟瞰效果图

长安街及其延长线公共空间整体城市设计（复兴门至建国门段）

二等奖 • 城市规划与城市设计／重要项目　　项目地点 • 北京市东城区、西城区
• 合作设计／投标结果未公布　　方案完成／交付时间 • 2020 年 12 月 4 日

设计特点

长安街及其延长线全线西起门头沟区定都峰，东至通州区潮白河右岸，全长约 63 公里。方案征集对象为"一街、三点"。其中，"一街"是指长安街及其延长线的核心区段，即复兴门至建国门段（全长约 7 公里）；"三点"是指核心区段内的北京音乐厅节点、东单节点和建国门节点。

设计通过构建城市对景及优化关键节点构筑物、设施、行道树来强调空间节奏，恢复传统韵味，以此强化长安街"文化性"在物质空间层面的体现。在核心区控规划定的文化探访路径基础上，挖掘、强化长安街"两门段"文化空间特色与主题，为构建长安街及其周边文化体验路径提供支持。

从横向空间上整体梳理长安街"两门段"沿线公共空间，按不同的功能需求对其进行精细划分，并按照分段特色提出针对性的优化策略。根据长安街绿带不同区段的功能进行分类，并提出针对性的设计策略。交通方面做到机动交通快速通行，非机动交通安全有序，人行交通舒适连续。街道上各类设施以便民、安全、规范、美观以及低碳生态为基本原则，体现智能化、集成化、可持续发展理念，彰显长安街规划设计的前瞻性。

设计评述

方案设计工作主要包括：（1）进一步落实北京市新总规及首都核心区控规要求，在整体城市设计层面对长安街及其延长线"两门段"公共空间、交通组织、城市轮廓、建筑风貌及功能布局以导则的形式，进行品质提升指引；（2）以此塑造长安街特色风貌，形成严整有序、光辉壮美、文脉深厚、智慧宜人的城市东西轴线，突出政治性、文化性、人民性；（3）提出近、远期实施计划，以及建立长安街及其延长线空间品质管理与提升长效工作机制建议；（4）以高水平城市设计强化老城历史格局与传统风貌。

主要设计人 • 马国馨　徐全胜　邵韦平　胡　越　叶依谦　徐聪艺
　　　　　　黄逸伦　郭晓娟　花　蕾　李庆植　张叶琳

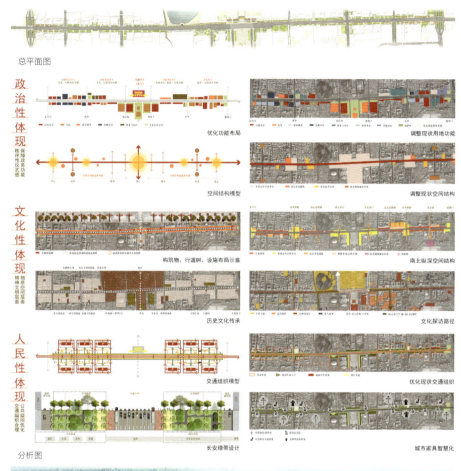

分析图

鸟瞰效果图

西长安街鸟瞰效果图

东长安街鸟瞰效果图

雄安容东片区 D2 组团住宅区

- 二等奖 • 居住建筑及居住区规划／重要项目
- 独立设计／非投标方案

项目地点 • 河北省雄安新区
方案完成／交付时间 • 2020 年 7 月 10 日

设计特点

D2 组团位于雄安容东片区东北角，主要定位为居住功能，占地 49 公顷，包含 10 块居住用地和 4 块教育用地，总建筑面积约 110.8 万平方米。在侧重住宅区的基础上，设计将安置房、商业、公寓及公服配套、教育配套、市政配套统一考虑。

D2 组团以 E14、N23 支路为"十字轴"，通过建筑退界 10～15 米的方式，使四个口袋公园之间形成街道慢行空间连续体，同时串联整个社区的幼儿园、小学、初高中及各组团人行出入口，进一步强化"十字轴—双中心"的规划布局，形成真正意义上的生活场所。通过业态整合，在"十字轴"与城市干路交叉点形成集中的商业中心、邻里中心；释放住宅场地，在高密度下住区中形成内部大尺度中心景观；通过交通规划实现外部车行可达，内部慢行；通过共构的方式，设置地下共享停车，各地块互联互通，共享共赢。

整体空间组团内部设置微下沉集中景观；天际线通过与高低错落的楼栋、简洁肯定的四坡屋顶和墙面横向线条相呼应的方式，呈现层叠有序的场景；深灰色钢挑檐屋顶通过精心推敲的中式出挑比例使建筑顶部更肯定、轮廓感更鲜明；风格化的单元入口挑檐与屋顶钢挑檐的形式完美呼应；北侧空调机位与建筑融为一体；整体色彩大基调通过大分区统一控制取得和谐效果。

方案将景观、照明、标识、物流、环卫、人防规划、市政规划、绿建海绵、智能化、精装、幕墙等专项同步统筹实施，采用正向 BIM 设计。绿建达到公建三星级、住宅二星级的标准，年径流总量控制率达到 85%。

设计评述

住宅设计基本符合雄安风貌的"以中为主、中西合璧、古今交融"的十二字方针。贯彻"小街密路、贴线率、城市转角和社区资源共享"等雄安的规划要求，形成"十字轴—双中心"的规划布局。设计亮点在于 D2 组团整体空间格局大气疏朗、疏密有致；天际线体现中国传统文化中水墨山水的神采；单元入口突出近人尺度的简洁与大气；北侧空调机位采用特殊处理手法，是现代与中式的完美结合；整体色彩部分，住宅通过大分区统一控制大基调清新明亮；公共建筑作为提升点；教育建筑结合场地营造出居住区的生活场景。

主要设计人 • 党辉军　杜清华　赵胜利　于海晶　吕明明
　　　　　　周　俊　沈应浩　高丽娜　陈徐芳　罗卫星
　　　　　　赵琬舒　邓亚光　王　钊　樊晓辉　郭　睿

东南整体鸟瞰效果图

总体方案规划结构

N23 住宅人视图

N6 住宅人视图

E14 沿街立面图

商业中心人视图

邻里中心人视图

昌平三合庄村集体租赁住房

二等奖 • 居住建筑及居住区规划／一般项目　　项目地点 • 北京市昌平区回龙观
• 独立设计／投标结果未公布　　方案完成／交付时间 • 2020 年 4 月 20 日

设计特点

方案纳入城市元素，运用合理的规划布局打造院落半围合式城市肌理；在开放街区和围合式住区中找到一种平衡，既保证视觉空间开放又保持安全性和私密性。设计力图营造丰富的生活场景，运用富有变化的城市天际线在沿街形成丰富活跃的城市界面，形成错落有致的开放性的空间形态。

建筑立面肌理注重标准化、模数化的运用：（1）住宅部分标准模块单元采取韵律及序列空间的立面设计手法；（2）公共区域部分立面相对灵活处理，与整体肌理形成对比。此外，整体立面在保持秩序基础上以色彩及标准单元错动活跃视觉空间；在公共区域设计开放的交流和休息空间，以合理的流线组织、多层次的绿化系统打造智能高效的生态社区；最大程度激活场地价值，使产品标准化、商业价值最大化，带动区域发展。

设计评述

方案规划布局合理、呼应城市肌理，以错落有致的空间形态、富有韵律感的立面形象及丰富的内部空间营造多层级的生活场景；提出合理的流线组织、多层次的绿化系统等智能高效的生态社区理念；通过提供商业机会、激活场地价值、挖掘配套价值等措施带动区域发展。

设计根据集体租房项目造价控制的需求对产品经济性进行了论证，包括：不同楼型得房率与公摊面积的比选、装配式运用、产品标准化设计（如户型标准化，厨卫标准化，外挑构件标准化）；并对设备、暖通等专业选型也进行了论证；同时，适当考虑全生命周期的设计要求。

主要设计人 • 刘晓钟　尚曦沐　胡育梅　曹　鹏　张　持
　　　　　　牛　鹏　李兆云　康逸文

鸟瞰效果图

总平面图

内院半鸟瞰图

东南沿街人视图

积水潭医院沿街人视图

怀柔科学城创新小镇

二等奖 • 室内设计／一般项目　　项目地点 • 北京市怀柔区
• 独立设计／工程设计阶段方案　　方案完成／交付时间 • 2020年5月12日

设计特点

小镇为改造项目，位于北京怀柔科学城核心区，南临雁栖大街，东临雁栖河西湖。原有建筑空间功能为体育馆，总面积3442平方米，主体三层，局部挑空二层。设计利用原有两层挑空区，将功能划分为共享中庭及1间多功能厅；同时，一楼、二楼分别设有12间大小不同的会议室及配套服务间。设计通过现代手法、新材料及新技术的运用，突出"科技"的主题，同时契合科技创意小镇的核心理念。

由于中庭空间的形态缺乏层次感，设计通过叠加一个大步梯来打破空间格局。新增大步梯上下互通，形成连接，作为空间情感与功能的媒介，同时为客户提供了一个等候、学习、交流的共享交互空间。挑空区多功能厅500平方米，可同时容纳约250人。考虑多功能厅的多样性及灵活性，空间采用活动隔断，一分为二，可满足不同类型的交流功能；同时，灯光采用轨道射灯结合智能灯光控制，可根据不同的场景模式加以调节，营造不同的空间氛围。

设计评述

根据怀柔科学城的发展需求，甲方希望将K楼由原体育馆改造为聚集学术交流、论坛研讨、科创培训等功能为一体的科创会议中心。设计延续建筑整体语言，从空间形态、材料及灯光上做了大量的分析，达成了业主的意愿。

主要设计人 • 陈　静　焦　亮　南婷婷

共享中庭效果图

共享中庭效果图

共享中庭效果图

开放培训室效果图

其他获奖项目

01 怀柔档案馆新馆 **02** 中国石油大学（华东）综合教学楼（室内） **03** 深圳改革开放展览馆 **04** 驻阿尔巴尼亚使馆公寓楼新建工程 **05** 双流区轨道 3 号线东升站、迎春桥站城一体化城市设计 **06** 亦庄创新产业中心 **07** 北京小汤山中心幼儿园 **08** 新疆生产建设兵团文化中心 **09** 新首钢国际人才社区北区 036 地块景观设计 **10** 中国电科成都产业基地 **11** 河源市高新区基础设施工程及配套项目——科创金融中心及青少年宫 **12** 中国人民大学通州新校区行政中心 **13** 南海油气开发总指挥部基地 **14** 重庆两江礼嘉 A63-3 地块学校 **15** 杭州音乐厅 **16** 西部（重庆）科学城金融街片区概念规划及一期方案设计 **17** 崇礼翠云山奥雪小镇皇冠假日酒店室内设计 **18** 8300 工业遗存改造概念性规划设计 **19** 深圳园 BL-A-02-07 地块住宅 **20** 海南国际交往中心 **21** 折叠城市——涌向未来的传统生活 **22** 湛江文化中心"三馆" **23** 香港城市大学（东莞）项目（一期） **24** 兴华东里邻里社区中心

25 张家口基金小镇金融城片区规划 26 南昌市保利大剧院 27 粤港澳大湾区院士交流活动中心二期 28 成都市高新区石圣村林盘保护修复
29 北京南北长街福佑寺及周边城市设计 30 意式风情区城市设计 31 泰山生态环境研究所 32 广州空港中央商务区 33 武汉广电全媒体中心 34 国家电投集团科学技术研究院
35 新航城临空经济区国际航空总部园 36 雁栖国际人才社区一期景观 37 中铁·长春东北亚国际博览项目会展中心 38 广宁街道冬奥社区街区环境提升
39 深圳市人民医院改扩建工程（一期）急诊综合楼 40 西安万博商业综合中心 41 北京通用人工智能创新园 42 德阳数字小镇一号地块 43 北京经开区通明湖信息城
44 金融街·金悦府 45 新华人寿大厦 46 清华大学附属中学北京广华学校 47 腾冲国宾馆 48 东城区全民健身活动中心

49 529工程和529工程附属建筑（方案一） **50** 龙田文体中心 **51** 紫荆教育唐山学校 **52** 北京金融街新兴盛项目 **53** 天津意大利风情区景观提升改造 **54** 安徽医科大学新医科中心
55 国网辽宁抚顺供电公司生产综合楼 **56** 金鸡湖大酒店改扩建 **57** 京山农场 **58** 某项目建筑工程设计FD风洞 **59** 宣武体育宫 **60** 南火垡村集体土地租赁住房
61 彭州市中心城区更新改造 **62** 国家网球中心园区整体提升及配套综合服务工程 **63** 朝阳区档案馆新馆室内设计 **64** 厦门湿地公园TOD片区综合开发
65 西部科学城微电子科创街国际竞赛 **66** 阳江市民文化艺术中心片区规划及歌剧院

图书在版编目（CIP）数据

BIAD优秀方案设计.2021/北京市建筑设计研究院有限公司主编.--北京：中国建筑工业出版社，2022.8
ISBN 978-7-112-27686-8

Ⅰ.①B… Ⅱ.①北… Ⅲ.①建筑设计－作品集－中国－现代 Ⅳ.①TU206

中国版本图书馆CIP数据核字(2022)第134713号

责任编辑：徐晓飞 张 明
责任校对：王 烨

BIAD优秀方案设计 2021

北京市建筑设计研究院有限公司 主编

*

中国建筑工业出版社出版、发行（北京海淀三里河路9号）
各地新华书店、建筑书店经销
北京建院建筑文化传播有限公司制版
北京雅昌艺术印刷有限公司印刷

*

开本：965毫米×1270毫米 1/16 印张：6 1/4 字数：150千字
2022年8月第一版 2022年8月第一次印刷
定价：90.00元
ISBN 978-7-112-27686-8
(39888)

版权所有 翻印必究
如有印装质量问题，可寄本社图书出版中心退换
（邮政编码100037）